本書に関するアメリカの植物たち

撮影／Becky Cohen

アガベ・アッテヌアータ

アレチノナスビ

ゼルトネラ・ヴェヌスタ

タンブルウィード

セージ

トオミソウ

ユッカ

オキザリス・ペスカプラエ

ユークリプタ・クリサンセミフォリア

山ライラック

木霊草霊

木霊草霊

伊藤比呂美

岩波書店

木霊草霊・目次

カバー写真（オキザリス・ペスカプラエ）撮影＝Becky Cohen
装幀＝菊地信義

前庭の植物たち

新年早々、日本から南カリフォルニアに帰り着いてみたら、ロサンジェルス空港も最寄りの小さい空港も、空は青くて大気は乾いて暑かった。熊本の空港では小雪さえ降りかかっていたのである。こないだまで寒かったけど、ここ二、三日こんな感じ、八十度を超えている、と迎えに来た娘が言った。八十二度、これは華氏だ。

ここに暮らして二十年近くになる。言葉も慣れた。文化も慣れた。この不条理きわまりない華氏という単位にも慣れた。八十度ならあと二十度で沸騰だなどとはもう思わない。華氏の八十度は、摂氏で二十七度前後、日本の夏なら薄暑い程度だが、ここは湿度がないから、体液が揮発するような刺激を感じる。

家に着いてみると、前庭にナスタチウムの幼い葉とオキザリスのあかるい緑の葉がひろがっていた。家を出た二週間前にはなんにも出ていなかった。

道に面している前庭である。午後の日があたる。海からの西日があたる。スプリンクラーの設備は無い。だから荒れ果てている。死ぬものは死ぬ。生きのびるものは生きのびる。

前庭の真ん中には、カリフォルニアコショウノキがある。胡椒はコショウ科だが、これはウルシ科、赤い実が鈴なりに生る。料理に使うと、癖のある香りがする。

名前にカリフォルニアがついてるし、どこにでもあるし、うんと年を取った大木も見かけるけど、実は外来だ。アンデスからやって来て広まった。数年前に幼木を買ってきて植えたら、たちまち育って木陰を作った。ヤナギのような繊細な葉が枝垂れてそよいだ。ある日、枝分かれしたところに、吊り鉢をぶらさげてみた。空気の動かない家の中でカイガラムシにたかられた鉢だった。木陰に吊され、風に吹かれたら、カイガラムシが消え果てた。

だから次々にぶらさげた。今では提灯屋の店先みたいに、オリヅルラン、はまだいいが、プレクトランサス、トラデスカンチャ、ネフロピレス、ホヤ・カルノーサ、セロペギア、連呼していくと呪文にしか聞こえない、アスプレニウム、ヒポシルタ、エスキナンサス、ギャーテーギャーテー、ハラ・ギャーテー、幼さの残るコショウノキが枝いっぱいの呪文を唱えながら立っている。いつか大木になって、赤い実を鈴なりに生らす。

手前にはストレリチア、またの名をゴクラクチョウカ（極楽鳥花）。

ツルの頭によく似た花の赤いやつなら花屋でよく見かけるが、うちにあるのは、もっと大きくなるやつ。もっと大きい葉をだらしなく広げ、もっと大きい、でも目立たない、青黒い花を咲かす。昔はバショウ科だったが、分類方法が変わって、今はゴクラクチョウカ科のゴクラクチョウカになった。バナナやバショウによく似ているけど、バナナたちが締まりのない葉を茎から出してでれでれと広がるのに対し、固い軸のある葉を一つ一つ根元から出してしゃんと立たせるのがゴクラクチョウカだ。数年前に小さい株を一つ植えた。出来心だった。あっという間に大きくなって収拾がつかなくなった。私は後悔したが、ゴクラクチョウカはかまわず育つ。まだ育つ。いずれタビビトノキ、これも同じゴクラクチョウカ科だが、あんなふうに巨大になり、遠くからでも目につくようになり、出て行っては帰ってくる私を、腕を広げて迎えてくれる。

塀際にはジャスミン。それからゴムノキ。

ゴムノキは家の中でカイガラムシにやられて縮こまっていたので、地植えしてやったら、のびのびとよく伸びた。どこにでもあるアメリカノウゼンカズラがうちの塀も守っている。隙間をニオイゼラニウムが埋めつくしている。

私はニオイゼラニウムが好きだ。園芸植物の中で何が好き？　と聞かれたら、いや誰も聞いてくれないから答える機会は一度もないが、まず「ゼラニウム」と、それから「匂うやつ」と答えたい。だからこのゼラニウムの轟々たる繁みがうれしくてたまらない。

ゼラニウムは、匂うのも匂わないのも、茎を折りとってそのまま地面に挿してやるといくらでも出てくるという、タコかトカゲのような性質がある。前庭の半分がニオイゼラニウムで覆われているのは、私が根気よく挿しつづけた結果、彼らが素直に出つづけた結果である。

ゼラニウムは草で、木ではない。それでも茎が、まるで自分は木の枝だと思い込んでいるように立ちあがり、互いに支えあって葉を繁らす。茎の筋肉は強靱で、風が吹いてもへたれない。

この強靱さは、肉食のせいだ。ときどき死骸を繁みに落としてやる。ネズミ捕りにかかったネズミ。窓に激突したスズメやハチドリ。捕食されかけて逃げおおせたが、傷ついて、うちの敷地で息絶えた地リス。死骸はあっという間に繁みの中に沈み、そのままましずかにニオイゼラニウムに食われていく。死臭はまるで臭わない。ニオイゼラニウム葬。私もやってもらいたいと思っている。

そういえば、ユリオプスも肉食である。これはキク科の灌木で、黄色い花を咲かす。何年も前にうちのオカメインコが死んだとき、埋めた上に、ユリオプスの幼い株を植えた。同じ色だったからだ。セキセイインコの死骸も庭で死んでいたスズメも、窓に激突したハミングバードも、その根元に埋めた。こうして死骸を食らっているうちに、ユリオプス、むきむきの幹ととめどなく花を咲かす力を身につけた。

オキザリスの黄色い花が咲きはじめている。ナスタチウムはまだ幼い。まだ猛々しくない。オキザリスとナスタチウムに埋もれて、枯れたはずのサルビアが赤い花をつけ、あったはずのバラが消えている。ナスタチウムもオキザリスも届かないところで、カモミールとカリフォルニアポピーが新生児の髪の毛くらいの芽を生やしはじめている。ゴムノキの陰に緑の芽が伸びているのを見つけてゴムノキの先端を切り戻してやったら、スイセンの全身が現れ出た。これから光を浴びて花を咲かす。二年前に植えたトヨンはもうすぐ枯れる。このあたりの自生種で、白い花の咲く赤い実の生る灌木だが、最後の葉が落ちたあと、新芽が出ない。枝に赤い実が二房しなびている。

オキザリス。本名をフルネームでいえば、オキザリス・ペスカプラエ、南アフリカ原産の、この地にとっては帰化植物のカタバミである。

オキザリスだペスカプラエだというから呪文に聞こえるんであって、カタバミならとても親しい。子どもの頃によく遊んだ。昭和の昔、東京の裏町で見慣れていたのは、ピンクの花の外来種と、黄色い花の大きいサヤをつけてタネをはじき飛ばす自生種だ。葉っぱはクローバーによく似ていたが、クローバーとカタバミじゃ貴重度が違っていて、クローバーを見分けるとうれしがり、カタバミを見分けるとがっかりした。花があればすぐわかるが、ないときは葉の大きさと地面へのつながり方で見分けていた。

北米にも自生するカタバミはある。わざわざ日本にもやって来て、帰化植物と呼ばれている。名前はオッタチカタバミ、オッタチとはいきなりくだけた物言いで、せめてタチカタバミとかチョクリツカタバミとか名づければいいものを、きっと第一印象が「おっ立つ」としか言い表せない立ち方だったのだろう。私は図鑑でしか見たことがない。日本でもカリフォルニアでも見たことがない。見たかもしれないが認識してない。北米自生種だが、北米といっても広うござんす、カリフォルニアには自生してない。

写真で見ると、日本自生のカタバミによく似ている。茎はたしかにおっ立っている。しかしどんなにおっ立っても、ペスカプラエの花の茎のおっ立ち具合に比べたらものの数ではない。ペスカプラエは、発情期だからあんなに勃ち起こっているのだといいたくなるほどの立ち方なのである。

十五年前、娘たちを連れてこの国に移住してきたのは二月だった。ペスカプラエが咲いていたはずだが、記憶にない。時が経ち、次の春が来たら、葉が生え出し、まんまるく密生して、幼い哺乳動物みたいなかわいらしさを、乳臭ささえ主張するのを見た。そしてそこから花の茎が立ちあがり、黄色い花を咲かせていくのを見た。

最初は名前も知らなかった。花を見ればカタバミだ。でも日本で見慣れたどのカタバミより大きく、花の輪郭もくっきりしている。そのうち園芸屋で、よく似た園芸品種を見た。花がピンクだったり葉が紫だったりして、どれもオキザリスと名がついていた。だから私も、この黄色いカタバミをオキザリスと呼びはじめた。

呼ぶといっても、これについて地元の人間と語り合ったことはない。だから発音がわからない。ほんとに英語でオキザリスと呼ぶかどうかも、実は知らないのである。隔週で来る庭師は（庭師といっても、主な仕事はとめどなく落ちるユーカリの枝葉の掃除だ）この草を憎んで見つけ次第ひっこ抜いた。前庭の群れをひっこ抜かれたときには私は出て行って抗議した。それ以来、彼は私にはばかって、オキザリスには手をつけない。彼はこれを雑草と呼んだ。雑草だから取り除く、と言った。

娘たちとは毎年かならず話題にする。日本語の会話である。オキザリスが出てきたね、オキザリスがきれいだね、オキザリスが終わったね、と。

何もかも置き去りにして日本を出てきたのであった。家族も家も人との関係もことばも。子どもたちはなかなか適応しなかった。永住ビザもなかなか取れなかった。英語もなかなか聴き取れなかかった。しゃべれるようにもならなかった。日本語は指の間から砂がこぼれ落ちるように忘れていった。不安であった。

そんなときに、この植物が、カリフォルニアの家の前庭をあかるくやわらかい緑色に染めあげるのを見た。汗をかかんばかりに密生するのを見た。花の茎をいさましく伸ばしていくのも見た。やがて茎は、力のかぎりに立ちあがり、日の光の方を向いて、黄色の花を咲かせた。花は思いつめたように日の光を向いて、りんりんと咲きほこった。その黄色は、アカシアの黄よりもユリオプスの黄よりも強くて純粋で、卵黄みたいになめらかで、そして豊かだった。

オキザリス、長い花期が終わると一せいに萎れくたれて、株ごと土から離れる。ところがそのときにはすでに、小さいダイコンみたいな球根を土の中に大量に残している。その繁殖力はネズミやウサギよりすごい。球根の一つ一つが一年間眠って春になる頃目を覚まし、どんどん育って葉を伸ばしてこんもりと密集して、真っ黄色な花をりんりんと咲かす。この帰化植物としての生きざまもその名も、なんだか自分のうつし身のような気がしてならない。侵略的な繁殖力については、その力を持ちたいと願っていたけど、三人生んだだけだ。力が足りなかった。無念である。

春なので、サクラやリンゴやアンズやスモモといった木々も花ざかりである。うちにはないが隣の家に咲いている。お向かいの教会には何本も咲いている。近所の日系人の家（リサイクルごみの日に日本語の新聞がときどき出してある）にも咲いている。

もう花ざかりには驚かなくなっているが、一月のサクラの花ざかりだけはどうも慣れない。バラ科の落葉高木たちは、もともと四季のメリハリのある気候に生えるはずだ。秋になれば葉が色づき、冬は寒さを堪えて忍び、春にぱあっと花を咲かす。ここは常春で日差しは激しく、ときどき砂漠からの熱風が吹いて何もかも干上がる。バラ科の木たちは葉を焦がしながら居心地悪そうに生きている。気候が違うのを知りながら庭に植えた人々の、郷愁みたいなものだけが際立つのである。

カリフォルニアを南から北に走りのぼる幹線道路がある。州間高速道五号線という。うちのそばにも走っている。それに乗って、南へ三十分くらい走るとメキシコ国境に行き着いて終わる。でも北は果てしない。

カリフォルニアを抜けて、オレゴン、ワシントン、そしてカナダの国境まで走り着くのに何日かかるか。ロサンジェルスを過ぎたあたりから、その道は、広大な農業地帯の谷に入る。数時間ぶっつづけに走ってもまだ続く。両側は、何十キロとなくつづくアーモンド畑、チェリー畑、アンズ畑、モモ畑、スモモ畑、アーモンドもその他大勢も、みんなバラ科の落葉高木で、みんなサクラみたいな花を咲かす。アーモンド畑は実をていねいに収穫する必要がないから、大木に作りあげ、夏の終わりになると、実を機械ではたき落とし、ごっそりとコンテナに盛り上げてどこかへ運んでゆく。

今はただ花、花また花のはず、道の両側が花で真っ白になってるはず。風が吹いたら花吹雪になって、乾いた土地を覆うはず。

いや日本のサクラの熱狂に比べたら何でもない。農園だからあたりまえの風景だが、バラ科の木の花が咲いて散ってるだけで、私の心がざわめく。庭にサクラを植える日系人の気持ちに相通じるざわめきなんである。

バラ科の木の花が終わると、今度はマメ科のアカシアが花を咲かす。ユーカリと同じくオーストラリアから来た。ユーカリと同じく過剰に適応して、どこにでもある。枝も葉も地味すぎて、ふだんはまったく目につかないのに、春になり、バラ科の木の花が終わって、雨が何回か降ると、いきなり藪や植え込みを真っ黄色に染めて正体がばれる。雨は花につながっている。そしてそれは歌の記憶にもつながっているようで、このまま死んでしまいたいと、古い歌謡曲が鼻歌に出る。

でもまだ咲かない。日差しはこんなに強烈だが、カリフォルニアの春はまだ浅くて、アカシアまで爛熟してない。

ユーカリ・タバコ・パーティー

一月の初めに南カリフォルニアに戻り、一月の末に日本に行き、二月半ばに南カリフォルニアに戻るという、せわしない生活をつづけている。空港からの道々、カリフォルニアポピーが咲いてるのを見た。庭から逃げ出したヒオウギズイセンが咲いてるのを見た。アカシアはまっ黄っ黄であった。あまつさえ雨もしとしと降っていて、すべての植物たちをうるおしていた。

私はさっそく隣の公園に行ってみた。咲いてた、咲いてた、咲いてた、咲いてた、荒れ地の春が始まっていた。

なにしろここは、冬から春に雨が降る。四月頃から干上がりはじめて、えんえんと乾期がつづく。日本の熊本の照葉樹たちや帰化植物たちには想像もできないほど過酷に水が足りない。だから植物たちは黙りこくって生きている。

でも今の時期だけ、ここにも雨が降る。一味の雨が降って草木をうるおす。大きなマツも、カシの木も、中くらいのユッカも、サボテンも、セージの繁みも、小さな地衣類も、菌類も、何もかもをうるおす。そして地中からいろんな草が噴きだして花を咲かす。乾きに耐えてきた植物たちが、懐にかき抱くようにいろんな蕾をそだてて花を咲かす。

カリフォルニアには、各所に自生植物を保護する区域がある。うちの隣のこの公園も、カリフォルニアで最小の自生植物の保護地である。一四年前の夏の乾期に、犬を連れて歩きはじめ、そこに足を踏み入れた。驚くばかりの「荒れ地」であった。それから冬が来て、春が来た。荒れ地が、すみずみまで花で覆われた。息を呑んだ。

図鑑で調べても、植物たちはなかなか見つからなかった。見つけても、日本語じゃない。聞き慣れない。居心地悪い。植物たちに近づけない。

犬の散歩は、私が朝行って、娘が夕方行く。同じコースを歩いて、同じ草々や花々を見る娘と、草々や花々について語りたかった。それで自分で、日本語の名前をつけはじめた。ことばはやっぱりコミュニケーションの手段なのだ。私は、娘以外には通じない名前をせっせとつけながら、孤島に流された牧野富太郎のような心持ちで、春の荒れ地をほっつき歩いた。

荒れ地の春は「トオミソウ」から始まる。実は英語の名前を知っている。友人が教えてくれたときには、そのお節介を恨んだ。モンキーフラワーというつまらない名前だったのである。遠見草、春浅く荒れ果てた荒れ地の中から遠くを見るように伸びあがって、花を咲かす。

それから「ジンコウザクラ」が匂い出す。沈香桜、小さい葉の小さい木で、白い、匂いのいい、桜みたいな花を咲かす。

それから「山ライラック」。これは英語でもマウンテンライラックと呼ばれている。モクセイ科の純正ライラックからはかけ離れたクロウメモドキ科で、芳香もない。でも小花が集まる形は、なんとなくライラック。この時期、内陸の山地はこの花で染まる。日本の花でいえば、春にヤマザクラがぼうっと咲きほこるような、初夏にヤマフジが山肌にかかるような、そんなあわあわとした白や紫で山が染まる。

それから「セージ」。これは英語からの直訳ってことで。実はここはセージだらけである。そこらに生えてる緑色の繁みは、形は違うが、みんなセージなのである。シソ科だから、シソみたいな花をいずれ咲かす。今は新しい葉が去年の葉を追いやってぐんぐん伸びている。葉を揉めば、はげしい芳香が私に染みつく。

それから「ランセイカ」が花を咲かす。卵生花、でも真の名前は葉の形からすぐにわかった。ユッカである。まず、株の中心に卵みたいな蕾ができる。大きな大きな卵は肉色である。人も獣も傷つけるするどいユッカの葉が、それを大切に守り育てる。やがて卵がほぐれて白い花がいくつもまろび出てくる。卵生花としか呼べないのである。

荒れ地の春はもっと深くなる。冬は雨が少なくて心配したが、ちゃんと春が来た。ああ凄い、雨は凄い、と思いながら家に帰ってきて気がついたことがある。裏庭に白いものがいちめんに吹き溜まっておった。ユーカリの花だ。日本に出かけた二週間前にはなかったものだ。

裏庭にユーカリの大木が五本ある。枝葉や木の皮が間断なく落ちてくるので、隣家からは間断なく苦情が来るが、うちの夫は知らぬ存ぜぬを通している。

ユーカリは、英語でいうとユーカリプタス（Eucalyptus）。ラテン語が原語で、意味はeuが「よく、より多く」、calyptusが「覆われる」。つまり萼と花びらがくっついて花全体を覆うのが由来である。花期になると、そのおおいが取れて、花があらわれ出るのであるが、これが特殊な花なのだ。フェイジョアの花を想像してもらいたい。は？　わからない？　では、アカシアの花を、ハリエンジュのニセアカシアではなく、ほんとのアカシアの方を想像できますか？　雨が降ったら死んでしまいたくなる方だ。なに、それもわからない？　それならもっと身近に、ネムノキの花を想像してもらってもいい。つまり、ポヨポヨした、ああいう花だ。

花弁に見えるのは、実はおしべ。おしべといえば生殖器、それが何十本も屹立し、花のふりして噴き出ている。やがて花が落ちる。おびただしく。地面に溜まり、風雨で吹き寄せられていく。

近所にコットンウッドクリーク公園という公園があり、クリークと呼ばれる小川が流れ、川辺にはコットンウッドと呼ばれるネコヤナギみたいな木がたくさん自生しているのだが、その公園の裏手に、背が高くて恰幅もよくて、赤花のみごとなユーカリがある。背が高すぎて、咲いてる花はよく見えないが、木の下は落ちた花で埋まる。今が花期ならばと思って行ってみたが、何にも落ちてなかった。どういうことだ。前々からどうもユーカリという植物はどこかてきとうな植物だと思っていたのだ。

まずこれこのように花期がてきとうだ。種類によって、あるいはその木によって、まちまちのような気さえする。

そして葉の形もてきとうだ。幼木と成木では葉の形が違うし、同じ木でも、接ぎ木したみたいに、場所によって違う。みんなそうかというと、そうではない。違わないのもある。その上、木の皮が剝けすぎる。もちろんぜんぜん剝けないのもある。剝けない木肌はいかにも新陳代謝が悪そうにゴツゴツと無骨に盛りあがる。剝ける木は剝けすぎて、禿げちょろけのつるつるてんである。

そして枝も剝ける。剝けて落ちる。ときには人を押しつぶすような大枝も、容赦なく轟然と落ちてくる。枝分かれして、また枝分かれして、育っていくのが木であると思っていたが、ユーカリは、育つそばからどんどん剝けて脱ぎ捨てていくのだ。どの木からも、花や葉のいっぱいついた大枝が、危うそうにぶらさがっている。

そういえば、昔、こんなことがあった。メキシコ人の夫婦がいきなり戸口にあらわれて、おたくのユーカリの葉を少しもらっていいですかというから、いいですよ、と。すると夫婦は、高い梯子を持ちこんで、機械を使って刈り込みはじめ、落ちた枝葉をどんどん運び出し、ほかのユーカリには目もくれず、あっという間に一本の木を丸坊主にして帰って行った。ほかの木の葉は細長かったが、刈られた木の葉は銀色で丸かった。何に使うか想像したが、花屋の添えものか、ユーカリ油の精製か。業者を頼んで木を刈りこんでもらうと、日本円にして二、三十万かかる。敷地の端にあって、隣にさかんに枝葉を落としているのは、ヤナギのように細長く、新陳代謝のやたらと激しいタイプである。隣から苦情が来るたびに、あの夫婦がまた来ないかなと思うけれども、一向に来てくれない。

ユーカリに囲まれて暮らしている。このオーストラリア原産の木が、南カリフォルニア中に蔓延している。いまだに、見るたびに違和感を感じるのだ。立ち姿、剥け方、葉、花、何もかもに。それはこのてきとうさ、得体の知れなさのせいじゃないかと、勤勉で四角四面な日本人としては思う。でも同時に、昔から知ってたような気もしないではない。

それはたぶん、ユーカリの木のあちこちに見慣れた木々の要素があるからだ。たとえば、葉を見ればヤナギに似ている。背が高くて、空の上の方で風に鳴るところは、ポプラに似ている。葉がギラギラと油ぎり、しごくと芳香が立ちのぼるところは、クスノキに似ている。

オーストラリア原産という出自を考えれば、フクロモモンガやフクロネコのように、「フクロヤナギ」とか「フクロポプラ」とか「フクロクスノキ」とか呼びたくなるのもむべなるかな、などとバカなことをいってないで、思い出話を一つ。

昔、オーストラリアの男に求婚されたことがある。近所の大学に呼ばれて、先住民のアーティストたちが点画を描きにやってきた。

端から埋めていくのだ、白人はひとかたまりの点の島を作っては別のところにまた点の島を作り、その間を埋めていこうとするが、それでは力が及ばない、と彼らは言った。点をうちつづけることで力がうまれる、端っこからどんどん力が大きくなって周囲に及んでいく、と。

その大学は、南カリフォルニアはほんとにどこでもそうなのだが、ユーカリだらけであった。そこで彼らはしきりに木の皮を集めた。どれでもいいわけじゃなく、特定のユーカリなんだそうだ。

そして夜、宴会をしていた家の庭で、彼らはそれを燃やしはじめた。私はその中の一人に気に入られたのである。たどたどしい英語で、おれと結婚するか、と聞かれ（かなり高齢の男だった。英語教育はあとから受けたようだ）、いや結婚しない、とたどたどしい英語で返した（私もまだとても英語がへただった）。すると、またまたまたー、てなことを言われて抱きしめられて無理矢理にキスされた。

ちょっとだけ考えた。このままついていって、ずっと点を描いていくのもいいかもしれない、と。私は三十五で、人生に立ち迷ったあげくにカリフォルニアくんだりまでやってきたところだった。

宴会にいた人々の中で私だけが、ユーカリたばこセッションに招待された。光栄であった。そこで庭に出て、男たちと一緒にユーカリの木の皮の灰を噛みタバコに混ぜて噛んだ。苦かった。噛んでるうちにユーカリがまわってきた。吐き気を催し、いてもたってもいられぬほど苦しくなり出して、私は求婚者に挨拶もせずに、自分のすみかに逃げ帰った。もちろん自分で運転した。よく事故を起こさなかったものだ。部屋に帰りついたときにはもう立ってることもできず、一晩じゅう吐きつづけて、のたうちまわったのである。世界はぐるぐるするばかりで、幻覚も多幸感もなく、ただただ不快であった。あんなもの、コアラはよく食べる。

求婚者は翌日さっさとオーストラリアに帰ってしまった。結婚はしそびれたけど、あのユーカリの毒を、身を持って知ることができたことは後悔してない。

黒法師艶な日傘をさしてゐる

カリフォルニアにやって来てこのかた、私は長い長い間、照葉樹林帯の木や藪や蔓草を恋しがっていた。裏町の路地裏のプラ鉢に植えられているミヤコワスレやサクラソウを恋しがった。塀の陰から抑えられぬように生え出してくるシダ類やギボウシやツワブキを恋しがった。

子どもの頃の家の裏には古井戸があった。ドングリの落ちるカシの木があって、イチジクの木があって、湿った場所にはシャガが咲き、ショウガやミョウガが繁った。向こうの畑にはシソやサトイモが植わっていた。それで、ここ南カリフォルニアでも家の中に観葉植物をあつめ、この乾燥した砂漠もどき地帯を照葉樹林帯に変ぜむとした。サトイモ畑のかわりに同じサトイモ科のモンステラやアローカシアやアンスリウムを育て、シソのかわりにはやはりシソ科のグレコマやプレクトランサスを育て、ショウガやミョウガのかわりに、ショウガ科にちょっと似ているクズウコン科のカラテアやクテナンテを育てている。

無理があるのはわかっている。外に出れば、さんさんと陽が照りつけている。空はいつも青く輝いている。そして決定的に雨が少ない。一年おきくらいに夏は日照りになり、私はおろおろ歩かざるをえない。水やりは控えよ、どうしてもやりたいなら夜間にやれ、とお上からお達しがくるのである。

それで、人々は水の多くいるものを植えやめて、アロエ科を植える、トウダイグサ科を植える、ベンケイソウ科を植える、リュウゼツラン科を植える、サボテン科を植える。俗に言う多肉植物というやつである。水がいらない。手間がかからない。ほっとくと子株が出てきてにょきにょきと殖えるし、花も咲く。花がまた、原色の美しいものが多いのである。ところが、なんというかなあ、つまらないのだ。

荒れ野に行ってそういうのを見るのはおもしろい。春は荒れ野に花が咲く。ここらへんの自然はみんな荒れ野である。内陸に行けば行くほど、天気がよくなってぴーかんと輝きを増していって空の青さが際だっていく。そして空気は乾きあがる。英語でデザートというのを訳せば、砂漠というより沙漠である。砂だらけということはなく、キク科やシソ科や各種の多肉植物たちが生えている。生えているというより、うずくまっている。色も目立たない、緑であるはずの葉はたいてい灰色や黄緑色。土埃の色とあんまりかわらない。それなのに、雨が降って春が来ると、いっせいに鮮やかな色の花を咲かす。それはそれは愉快である。

しかし、庭にある多肉植物はつまらない。たいていトゲがあったり毒があったりするから、気軽にさわれない。人見知りしすぎて押し入れから出てこない猫のように、撫でたり抱いたりできないというのは、つまらないことなのだ。でも春になると花期が来る。そしてふつうの花と同じくらい、きれいな、ときにはずっと鮮やかな、あるいは不思議な花を咲かす。

ここに、気になる植物がある。細い首の上に、はちの開いた大きな頭がのっかったような形をしている。首は茎で、頭は葉の集合だ。蓮の花のような形に葉が並ぶ。緑の葉のと黒い葉のがある。形も奇妙だが、その黒色もまた奇妙、明るいふつうの住宅地を生活に追われて車を走らせていると、そこここに黒々とあるから目に入る。それが、ベンケイソウ科のアエオニウム・アルボレウム。

黒頭、というか黒い葉の和名は「黒法師」という。

緑頭は、ラテン語の学名は同じなのに、和名はがらっと変わる。「艶日傘」という。

色が違うだけで、なぜこんなに名前の印象が違うのか。そもそも、なぜクロホウシやツヤヒガサではないのか。

植物の名前はカタカナである。アキノキリンソウやセイタカアワダチソウも、ミヤコワスレやヨウシュヤマゴボウやセイタカダイオウも、みんな律儀にカタカナ表記である。だからこそ植物らしく生きてるのであり、私たちも安心して植物扱いしているのである。でも、どういうわけか多肉植物だけ、奇妙きてれつな漢字名がまかりとおる。奇妙きてれつすぎて、まるで少年漫画の妖怪の名前のようだ。リュウゼツラン科の「鉄甲丸」「大銀竜」。ガガイモ科の「竜角」「牛角」「天邪鬼」。ベンケイソウ科の「熊童子」「月兎耳」。よく探したら「犬夜叉」や「四魂の玉」などというのもあるかもしれない。この漢字好みは江戸時代に愛好された名残りなんじゃないかと思うが、確証がない。勉強します。

とにかく弁慶草科の黒法師。

ふだんは平安末期の、頭巾（裹頭《かとう》というそうだ）を被った武蔵坊弁慶や常陸坊海尊みたいに、まがまがしさをふりまいているこの植物が、今の今、カリフォルニアでは花ざかり。黒い頭の中から、にょっきりと花茎を伸ばして、まっ黄っ黄のキクそっくりな花を大量に咲かせている。黒法師、女犯するなと、見ているだけでもドキドキする。

もうひとつ、とても気にかかる多肉植物がある。これもまた、今の今、花ざかりである。

これは大きい。背は高くないが、一抱えも二抱えもある。青くてみずみずしい多肉の葉が何枚もかさなって、蓮の花みたいな「うてな」を作る。ところが、その真ん中からぬうと花茎が出て、一、二メートルにも伸び、弧を描いて垂れ下がる。小花で覆われているから、遠目で見るとイヌ科のしっぽのようにふかふかである。それがこのあたりの庭という庭に植えられている。あちこちに青いうてなが群れを作り、花茎を伸ばして、長いしっぽを垂れ下がらせている。あまりに奇妙で、一瞬、ここはどこ？　的な感覚に陥る。

これが、アガベ・アッテヌアータ、メキシコ原産の竜舌蘭の仲間である。

竜舌蘭というのも伝奇系な名前だが、「リュウゼツラン科」という科のタイトルにもなっているので、どうどうとカタカナ表記でいかせてもらう。

メキシコといったらすぐそこなので、南カリフォルニアでも気候はぴったり。そしてその姿は、言われてみたらリュウゼツランそのもので、肉厚の葉が何枚もかさなってうてなを作る。株が成熟すると真ん中からぬうと茎が起ち上がり花を咲かす。そんなところは、たしかにリュウゼツラン。でも、リュウゼツラン科の葉にふつうあるトゲがない。アッテヌアータとは、「飾りのない」という意味であった。その上、ふつうのリュウゼツランは、地面からいきなりうてなを作るのに、アッテヌアータには、うてなの下に短い茎がある。それで首があるように見える。猪首の上に、重たい頭がのっかっているように見える。

ここに住むと、リュウゼツランにはやたらとくわしくなる。なにしろ自生地である。地元の山は岩だらけである。春になると、その斜面いちめんに、白いツクシのようなものがにょきにょきと生える。遠目で見るとツクシだが、近くで見れば、それがリュウゼツラン科のユッカの茎が伸びて花を咲かしたやつだとわかる。どんな小型の株でも人の背丈ほどある。リュウゼツラン科はラン科じゃない。でもユッカの花はランによく似ている。肉質で華やかで白い。長い茎の先端に固まってつくから、遠目で見るとツクシに見える。

内陸に分け入っていく。岩だらけの荒れ野が、さらに荒涼と、さらに殺伐としてきた頃、あたりにはユッカよりももっとずっと大きい、威風堂々としたリュウゼツランが生えて伸びる。アガベ・アメリカーナという種類である。

アガベ・アメリカーナ、英語ではセンチュリープラント。訳してみれば「世紀の植物」だ。一世紀に一度しか花を咲かさないという俗説による。ただしくは、成長が遅くてなかなか成熟しないだけだ。成熟すると、花を咲かせて、その株は枯れる。

うちの裏庭にもそれがある。昔、夫の誕生日に友人がくれた。ある日、植木職人がやって来て（こっちの植木職人は、むかしは日系人だったらしいが、今はたいていメキシコ人である）裏庭のど真ん中に穴を掘り、大きなおとなのアガベ・アメリカーナを植えていった。その株は、その時点で、生後九十年くらい経っていたんじゃないかと思う。

十年間くらい、あたりに子株を殖やしつづけた。地下で根を伸ばしていって、とんでもないところにぽこりと生みつけるのである。たいして広くもない裏庭の、あっちにもこっちにも子株ができた。そうでなくてもガラが大きく、威圧的な植物なんである。葉はトゲトゲしてむやみに近づけないのである。大へん迷惑であった。子株は親株と同じ形で、同じようにトゲがあった。将来を考えるとぞっとした。

それなのに、幼いもの特有のみょうな愛嬌があって、むやみに捨てる気になれない。子猫や子犬によく似た風情であった。掘り出してよそに移そうと考えたが、そこで殖えひろがっては困るから、めったなところには植えられない。それで鉢に植えたり、人にあげたりした。鉢植えにした株はせっせと面倒を見た。まるで、どんどん生まれてくる子猫のもらい手をせっせと探すようなものであった。子猫の問題は親猫を避妊すれば解決するのに、リュウゼツランは避妊のしようがないのである。そのうちに収拾がつかなくなって、ほったらかした。今や裏庭はリュウゼツランの子株に埋まり、リュウゼツラン幼稚園のようなありさまである。さいわい成長はゆっくりなので、一株をのぞいて、どれもまだ思春期にすら達していない。でもその一株はもう繁殖を始めて、子株をいくつも抱きかかえている。

最初にもらった親株は、ちょうど百年目（と思いたい）に大きな茎を伸ばして花を咲かせた。茎の先が枝分かれして、黄色い花をつけた。荒れ野でよく見かける花であった。このへんの風景写真には、かならず写りこんでいる茎と花であった。花が終わると枯れて死んだ。枯れた株のあったところが、今はぽっかりと空いている。

アッテヌアータ、あのみずみずしい緑のうてなの植物の話にもどる。いつか子株を一株、友人の家からもらってきた。てのひらにのるくらいの小さな子株。さっそく前庭に植え込んだ。トゲのあるリュウゼツランは扱いに苦労するが、これはトゲがないから容易《たやす》かった。それがもう数年前だ。いっこうに大きくならない。開花までに数十年かかると何かで読んだ。私がこの土地に移住して十五年、同じくらいの日々を過ごさねば、この小さいリュウゼツランは、花を咲かさない。

町のそこここで奇妙な花を垂れ下がらせているアッテヌアータの株たちは、どれももうすぐ死ぬ。人間でいったら百歳近い老人たちだ。もうすぐ死ぬけど、悲愴ではない。これまで思う存分、子株たちを殖やしてきた。自分に瓜二つの子株たちであった。死ぬことは、悲しくも苦しくもない。終わりでもない。

みつめている私は思うのである、犬や人は「老いて死ぬ」が、植物の「死ぬ」は「死なない」で、「死なない」は「生きる」なんだな、それがかれらなりの業なのだなと。

草むら、ののはな

最寄りの小さな空港から小さな飛行機に乗ってロサンジェルス、そこで大きな飛行機に乗り換えて成田、成田からリムジンバスに乗って羽田、羽田からまた飛行機に乗って熊本にたどり着いた。午後の便であった。飛行機から下を見たら阿蘇の山並みをすぎて地上が近くなったあたりで、地表に白いかたまりがいくつも見えた。ススキの原だと思った。いや、かたまり具合からいったら、ススキによく似ているが、ずっと巨大なパンパスグラスのようだ。もう四月だからすっかり枯れはてて、白い穂がふわふわに出きってるようだ。パンパスグラス、見た目はシルバーバックの雄ゴリラみたいで見栄えがするが、繁殖力が強すぎて、いつかかならず手に余る、そのうち逃げ出して地涌《じゆ》の植物たちをおびやかす、そしたら見つけ次第に刈り取って殺すなんてことになりかねないのに、なんでそんなものを植えたかななどと考えていたが、飛行機が降下するにしたがって、違う、どうも違う、パンパスグラスじゃない、そもそもススキの自生する日本にこんなにパンパスグラスがあってたまるか、いくつも見える白いかたまりは、パンパスグラスの古株なんかよりずっと大きいんじゃないかと思い始めた。

そこで、気がついた。サクラだ。満開のサクラの木だった。上空から見ていたので、大きさの感覚が混乱していた。開ききった花がサクラの木をつつみこんで、こっちの敷地、あっちの敷地をうずめつくしていた。車の行き来する道の両側をうずめ、大きな公園のぐるりをうずめ、民家の庭先をうずめ、空港の周辺の山林の中をうずめた。そして飛行機は降り立った。市内に向かって、満開のあちこちを抜けていった。美しいというよりは、ただ茫漠としていた。実体のない、桜という意識だけの存在であった。

さて、諸行は無常である。桜は日に日に葉を増やした。今はいちめんの葉桜である。緑の中に精巧な白い花が埋もれつくされている。これはこれですさまじいが、私の興味は、今、足もとにある。足もとの草むらに群れ生える草ぐさ、雑草とも野の花とも呼ぶ草たちである。

ところがこちとら老眼で、足もとの草むらほど見きわめにくいものはない。かすむ目で、一つ一つの花、一つ一つの茎、茎から葉の出具合を見きわめようとしているが、それがどんなにむずかしいか。一つ一つを見きわめて、名をつきとめることの、なんとむずかしいことか。なんとか見きわめた花の色や葉のかたちから、科名を推しはかって片っ端から検索するのである。そのうちふと探し当てる。

調べても調べてもまだある。一つの草にたどりついたらほっとする間もなく、次の、まだたどりついてない草への思いがつるつるひきずられて出てくる。とどまるところを知らない。草むらそのものなのである。

ちょっと前までさかんに咲いていた赤紫色のホトケノザはもうほとんどない。同じ色のカラスノエンドウももうおしまいだ。そのかわりに青みがかった小さい花の、繊細な葉のスズメノエンドウがいまや蔓をいっぱいに伸ばしてすべてを覆う。

忘れな草そっくりの花があるのに気づいたのはずいぶん前だ。目の覚めるような瑠璃色に真ん中が黄色く染まる、あの忘れな草が、ヨーロッパから極東まで流れてくる間に魔法の力が働いて、こんなに小さくなりましたといわんばかりの小ささが不思議である。老眼ではそのかわいらしさがろくに見えないので、こんど読書用めがねを持って外に出ようと思うがいつも忘れる。毎年毎年、ああ可愛いああ綺麗だと思いながら名前を知らずに眺めてきたが、先日ついにつきとめた。つきとめてみれば、キュウリグサという、平々凡々とした名であった。忘れな草は名前からして詩的なのに、こっちはただのキュウリグサ、なんたることだ。いやしかし、キュウリでないのにキュウリなんとかいう植物は、英語名でもときどきある。語源は、たいてい、においである。日本語でも英語でも、昔の人の意識にとって、キュウリのにおいは、忘れがたく強烈なにおいだったということか。

キュウリグサは帰化植物だそうだ。それも、麦の伝来と同じ頃にやってきた古代帰化植物だそうだ。それをいったい帰化植物と呼ぶのか、呼んでいいのか、人間ならとっくに同国人ではないか。移民のはしくれとしてはちょっと捨てておけない問題だ。

キュウリグサによく似た趣の、さらにさらに小さくて、さらにさらによく見えない草がある。摘んで帰って老眼鏡をかけて見てみたところ、なんと、青くて愛らしい。でもすぐ萎れて、水に挿せない。ハナイバナというやつかと考えてもみたが、やはり違う。探し回ったあげくに探し当てたのが、ノヂシャである。

野ぢしゃ。英語では羊のレタス、フランス語ではマーシュと呼ぶ。カリフォルニアでは、大きく食べやすく栽培されたのが、パックづめにされ、サラダ用に売られている。甘くてやわらかく、サラダによし、つゆの実によし。だからこの野ヂシャも、ひとつちぎって食べてみた。同じ味がした。パック入りのあれは、これの十倍くらい大きくて花がついてない。あれは野菜だが、これは草だ。いたるところにある。そしてたぶん犬のおしっこにまみれている。しかし全部摘んだら、かなりな食糧になり得る。

そもそも私が植物に興味を持ちだしたのは、子どもの頃、地球滅亡したらどう生き延びるかという空想が生活の中心であったためだ。思春期前期はそればかり考えていた。まず親が死に、学校が壊滅状態になる、その中で生き延びる。くり返しくり返し空想した。親が死に、学校が壊滅状態になる、世界は荒れ果てる。親が死んで、学校が壊滅というのが、私のファンタジーの基本であったようだ。そうでなければ私は自由になれないと思いこんでいたのである。親が死に、学校が壊滅したら、生き延びるための生活のわざを身につけねばならない。食糧を確保するために、私は周囲の植物を吟味し始めた。

いまだにその癖が残っていて、歩きながらいつも考える、これは食べられる、あれも食べられる。煮つけて食べ、塩漬けにして食べる。天ぷらにすれば、春菊でもタラの芽でも食べられる。これも天ぷら、あれも天ぷらと考えて、はたと思い当たったのが、親が死に、学校が壊滅したあかつきに、野草はともかく、粉や油や塩やしょうゆはどうやって調達するのかという問題だ。子どものときにそれに気づき、それ以来考えつづけている。まだ解決してない。

その頃から、オオイヌノフグリの名前はちゃんと知っていた。やはり、子ども心にも「ふぐり」というのは、いくら犬のでも、忘れられないインパクトがあったから、すぐ覚えた。夏のヘクソカズラなんかと同類だと思っていた。名前的に。それももう終わりかけている。花の青はガラスの混じった青といおうか、みつめていると目がどうにかなってしまいそうなほど、きらきらきらきらする青だ。

ハコベは、どうも二種類あるらしいと思っていたのである。小さくて地を這って、葉や茎が柔らかくて嚙めば甘そうで、白い花びらが瞬きしているようにくっきりと並んでいるのと、茎がひょろひょろと伸びて、とげとげしい印象の花が咲くのと。しかしこのたび、なぜとげとげしいか、老眼をこすりながらよく見てみると、花びらが細長くていちいち二つに割れているのだ。これはすぐ調べがついた。小さくてくっきりしてるのがふつうのハコベで、花びらが割れてとげとげしい方はオランダミミナグサだった。

スズメノカタビラとニワホコリは、どっちがどっちか区別がつかない。子どもの頃、ニワホコリという名前を知って、ヤブガラシやノボロギクと同じように、なんと感情の（それも悪意の）こもった名前かと感心した。それ以来、ああいう姿のイネ科の草を見ると、ああ庭の埃だ、と思って感心しつづけた。でも数年前に、すごくよく似た草でスズメノカタビラというのがあると知った。区別がなかなかつかないというのも知った。今になって、庭の埃じゃなくて雀の帷子だったと言われても困る。ぜひとも庭埃ということにしておきたい。

まだある。ただのヨモギもカワラヨモギも、ヒメムカシヨモギもセイタカアワダチソウも、みんなまだ幼くてみずみずしい。夏になると獰猛になって繁りわたる。クローバーは群れてこれから太る。アメリカフウロはいかにもゼラニウムそっくりな葉に、小さなピンクの花が咲き始めたところだ。オドリコソウもスイバもウマノアシガタもぐんぐん増える。それから、ぼうぼうと脈絡なく繁りさかえるヤエムグラが塀や垣根にもたれかかる。まだある。まだまだいっぱいある。

タチイヌノフグリはすっくすっくと一本ずつ立ちあがる茎で、頂点に花をつけるが、夕方、日が薄くなってくるともう閉じてしまう。花はキュウリグサよりもノヂシャよりも小さくて、老眼ではまったく見えない。法華経の薬草喩品の一節「小根小茎。小枝小葉。中根中茎。中枝中葉。大根大茎。大枝大葉」。その中の「小根小茎。小枝小葉」とは、こういうものたちのことだったのだなと思い当たる。

オオイヌノフグリがあり、タチイヌノフグリがある。

実は、カリフォルニアにはアカイヌノフグリがある。ここからはカリフォルニアの花の話だ。日本では見慣れない花の話なので、注意して聞いてもらいたい。

それは荒れ地に咲く。地べたを這う。オオイヌノフグリにそっくりな、でもあんな透明感はない、まったりとした質感の赤い花を咲かす。この時期、南カリフォルニアの荒れ地の地べたを這うのはアカバナ科のものが多くて、マツヨイグサを小型にしたような黄色の花をいちめんに咲かす。その中で、それはちょっと異質である。

はじめて気がついたとき、私は興奮して娘たちに報告したものだ。オオイヌノフグリみたいな花が咲いてるよ、花はサーモンピンクで、ものすごくかわいいよ。

ところがなかなか正体がみつからない。花はオオイヌノフグリみたいだが、ゴマノハグサ科の中にはみつからない。葉はハコベみたいだが、ナデシコ科のどこにもない。這うからもしやアカバナ科か、花がかわいいからムラサキ科かと探しまわってもみつからない。そしたらある日、ふと見つけた画像がどんぴしゃり。そこにいたるまで何時間をネットに費やしたか、どれだけの画像を凝視したか、そして見つけたときはどれだけうれしかったか、おもんぱかっていただきたい。それがアナガリス・アルヴェンシス、俗名をスカーレット・ピンパーネル。まさかのサクラソウ科で、ヨーロッパ原産の帰化植物であった。

スカーレット・ピンパーネルというのはどこかで聞いた。思い出してみれば、イギリスの古い冒険小説で、昔から『紅はこべ』と邦訳されてきたものだ。そしてこの草は、日本語ではアカバナルリハコベと名づけられている。同じ科の同じ属の、ただのルリハコベもあるそうだ。そっちはほんとに瑠璃色で、日本にも来ているそうだ。

アカバナ科じゃないのにアカバナ、ハコベじゃないのにハコベ、瑠璃色じゃないのにルリと、混乱しきったとんでもない命名だが、私はそれをひそかにアカイヌノフグリと呼んでいるので、人のことはいえない。

生きている木と死んでいく木

春の初めに近所の大きな木が死んだ。死んだと言うべきか、殺されたと言うべきか、伐り倒されたと言うべきか、迷っていた。私には大きな事件だったが、しばらく語る気になれなかった。今やっと語る気になった。

コショウの木だ。ウルシ科のカリフォルニアコショウノキ。カリフォルニアというほどだから、当然この辺りにいくらでも生えている。見慣れているのですぐわかる。荒い肌で、ヤナギみたいな、シダみたいな、垂れ下がる葉に、赤い小さい実が鈴なりに生っている。それが、太く大きく育って道におおいかぶさっていたのである。

その木はずっとそこにあった。通るたびに感嘆した。鬱蒼ということばを思い出した。鬱に蒼だ。鬱々とした陰がうまれて、何もかもが蒼く見えた。通るたびに『となりのトトロ』のめいちゃんの声を思い出しながら「木のとんねるー」と思ったし、私がそう思うそばから子どもたちがめいちゃんの声色で「木のとんねるー」と口々に言った。「これだけ育つには百年近い年月が」と百年近く生きてきた夫が共感をこめて、同じことをいつも言った。

つまり家族の誰もがそれぞれの思いで愛着してきた木だった。木の裏には小さな家が数軒建っている。貸し家然としている。庭もなく塀もない。木の陰に隠れているのである。家より大きい木はずっとそこにあり、鬱蒼と道におおいかぶさっていた。

春の遅い朝だった。外に出かけていった娘が帰ってくるなりわめき立てた。木が切り倒されてる、と。唐突すぎてリアルさがなかった。ああこういうことが起きるのだと前からわかってたような気がした。何度もいろんなところで、こういう経験をしてきたのを思い出した。いつも私は何もできなかったと思い出した。死んでいく木たちを助けられずに、何度も何度も情けない思いをしたのを思い出した。

「木が病気になって朽ちはじめた」というストーリーを考えてみた。うちも昔、同じ理由で、松の木を切り倒したことがあったからだ。「電線を圧迫するので、市が切る措置を取った」というストーリーも考えてみた。いちばん考えたくないのは、そこの住人がその木をじゃまに思った、あるいは憎んだ、などという理由であった。

聞いてこようか、と末っ子のトメが言った。

聞けるわけないじゃない、と姉のサラ子が言った。

夕方はピンク色だった。東の空も西の空もはなばなしく染まりぬいた。私は、犬たちを連れてそこまで歩いていった。昔はよくここを歩いた。当時はまだ犬が若く、毎日遠出をしていたのである。その頃は、途中に犬のいる家が二軒あった。いつも吠えられた。私が連れていた犬は向こう見ずの若犬で、よその犬が吠えれば、ひとのテリトリーだろうが何だろうがおかまいなしに吠え返した。このたびもまた吠えられたが、昔若犬だった犬は、今やよぼよぼの婆犬になっていて、よその犬の存在なんてどうでもよくなっている。うちの犬が反応しないので、よその犬の吠え声を落ち着いて聞くことができ、その結果、威嚇と思っていた声が、実は自分を見ろ、見ろ、という見せびらかしだというのに気づいた。道すじにはアカシアが何本もあった。どれも咲きかけていた。オキザリスも一面に広がっていた。花がつぼんでいるのは夕方だったせいだ。多肉植物の植えられた庭があった。塀には蔓性のゼラニウムが無尽に這いのぼり、花を咲かせていた。

木は無くなっていた。道は広々と明るくなっていた。そしてなんとも、がらんとしていた。枝や幹を細かくかち割って、粉砕機にかけたようだ。メキシコ人たちが木屑を掃いていた。かれらはその住人かもしれないし、雇われて伐採を手伝っただけかもしれない。

木は跡形も無くなっていた。跡地には細かい、砂のような木屑がこんもりと盛り上がっていた。跡地は小さかった。三畳くらいしかなかった。こんな小さなところからあの巨大な木が生えだして、身を支えていたのかと思うと不思議であった。歩道がもりもりと掘り起こされてあった。足下に、葉が散り落ちていた。歩道の上にも、車道の上にも、葉が散らばっていた。切り倒される瞬間に葉が散ったのだ。倒された木が引きずられて解体されていくときにも、あたりいちめんに葉が降りしきったのだ。

木のことがあってから、しばらく哀しくてその道を通れずにいたのである。それからしばらくして日本に帰った。春のほとんどを熊本で過ごした。ちょうど妊娠中の長女のカノコも夫といっしょにやってきていた。それで、阿蘇の高森に連れて行って、大木を見せたいと考えていた。これは生きている木の話である。

熊本の高森というのは、阿蘇のすそ野である。熊本空港からほんの四十分だ。人家があって田畑がある。水が湧いて、あちこちに水源がある。商業化されつくした、みにくいのもあれば、地元の人が生活に使っている、共同井戸みたいのもある。ちょっと遠くまで行くと、木々の中の奥まったところにひっそりしているのもある。水の色は水面に映る木々ですっかり緑になり、水面のまん中に水神様の苔むした像が突き出ている。のぞきこむと池の底はびっしり苔で覆われて、魚が走る。あちこちから水が湧きあがる。湧きあがるところで水が動く。そういう水源もある。山をのぼりかけたところの崖の横っ腹から、ちょろちょろと流れ出ている水源もある。

あ、いや、水の話をしているのではなかった。木の話だ。高森に一本の年取ったサクラがある。一心行のサクラという。一心に行をする。そういう意味のこめられた木のようだ。その近くに高森殿のスギと呼ばれる大スギもある。

それで、カノコ夫婦を空港から連れ帰る途中に、一心行の大ザクラを見に立ち寄った。花期は過ぎ、花期の間じゅう催されていたけたたましい桜祭りも終わって、出店も舞台も取り払われているところだった。大ザクラはすっかり葉だらけだった。ヤマザクラとソメイヨシノの違いは、ソメイヨシノは花が終わってから葉が出るが、ヤマザクラは花と同時に赤い新芽が吹き出すところだと何かに書いてあった。

妊婦のカノコは夫と手をつないで、大ザクラの周囲を歩き回った。ごつごつと古びた枝に残っているサクラの花よりも、古ザクラの根元に咲きみだれている、スミレやオオイヌノフグリやカラスやスズメのエンドウたちを見て、これがなつかしい、子どもの頃に云々と、夫に話しかけていた。

帰りがけに私は考えた、大スギにも立ち寄れるかどうか。大ザクラの前の道をほんの三十分走れば、道のほとりに見過ごすための看板ですといわんばかりの小さい看板がひっそりと立ってるところに着く。行く手に小さな門がある。閉まっている。それを開けて中に入る。この門は牛が逃げないようにするためだ。中に入ると、牛の糞があちこちにある。もちろん踏んづけそうになる。前方に木立がある。鬱蒼として、湿って暗い。夏場は蚊に刺される。カズラやシダや苔がどこもかしこもおおっている。その中に無理矢理入りこんでいくと、そこに在るのだ、大スギが。根っこのところから二つに分かれている。上に伸び、つっかえて下に垂れる。そのうちに木自らが、自らを包みこむ。そのうちに見ている私たちのこともすっぽりと包みこむ。そういう木だ。

でも、どう計算しても時間がなかった。カノコたちは熊本に着いたばかりで、私は妊婦を家に連れて行って休ませなくちゃならなかった。出がけに父の具合が悪そうだったから、父のところにも急いで帰らなくちゃならなかった。予定では、三日後にまた二人を阿蘇に案内して、水源と火口を見て温泉に入ろうと思っていた。そのときに大スギも見ようと。

ところがその翌日に父が死んだ。父はカノコたちに会って、カノコの夫に「ないすとぅみーちゅー」と言った。それから妊婦のおなかと自分のおなかを比べてみせた。父はすっかりおなかの筋肉がしなびて、内臓を支えきれなくなって、下腹だけ膨らんだおなかになっていた。その夜、父の具合がさらに悪くなった。そして次の日に父は死んだ。私たちはばたばたした。病院や、葬儀社や、親戚への連絡や。阿蘇行きは当然のことながら中止である。葬儀社と銀行と病院に立ち寄った帰り、私はせめてもと思って、カノコたちを「寂心さんの樟」に連れて行った。父の遺体は葬儀社に安置、おっと、そんなこと言ったら父が父らしくなくなってしまう。父は葬儀社の一室を借りてそこにいた。いや、父は死んだのでもういない。だから「いる」も「いない」もないのだなと考えながら車を走らせた。

熊本市内から田原坂に行く田園地帯にさしかかる。向こうに樟の森が見える。近づくにつれ、森と思ったのはただ一本の大樟の繁みであることがわかる。整備されて公園になっているが、誰もいない。駐車場から樟に向かう道に、スミレやオオイヌノフグリやホトケノザやカラスやスズメのエンドウたちが咲き群れていた。

大樟の下を、カノコたちは手をつないで歩きまわった。私はクスノキの下に備えつけてあるベンチに寝転がった。

上を見て、木を見て、自分の手を見て、空を見た。薄曇りの空であった。しわだらけの大きい大きい木であった。しわだらけの疲れて哀しい手であった。見つめているうちに、ひとつ大きな間違いをしていたのに気づいた。この時期のクスノキが赤いのは新芽だとばかり思っていた。そうじゃなかった。古い葉が赤くなり、それが新芽の緑と入り交じっているのである。赤い葉が、風に吹かれて、葉桜になりかけたときの花びらのように、いちめんに降りそそいだ。

もう一つ語りたい木がある。それからしばらくして、私はカリフォルニアに帰ったのだ。そしたら、うちの近所の、末っ子のトメの学校から家に帰る道すじで、この辺では見慣れない、でもなつかしく思えてしょうがない花の咲く木があるのに気がついた。花は紫で、花弁は細くて、十字みたいにクッキリと見える。花が木全体をおおっている。花の下にぴかぴかした緑の葉が隠れている。あんまりきれいなので、そこを通るたびに車の速度をゆるめて感嘆していたが、ある日とうとう車を停めて、トメに花と葉を少しずつちぎり取ってくるように言いつけた。トメはいい子で、そんな恥ずかしいことを親に言われるままにする。そしてちぎり取ってきた花と葉を見て、私は確信したのだ。これはセンダン。アジア原産、熊本にも原産の、センダン科センダン属のセンダン。漢字で書くと栴檀であった。

センダンの木は成長が早い。熊本の坪井川の河原に二十年ほど前に生え出したやつはもう大木になって陰を作っている。自生するだけじゃない。公園のあちこちに植えられてある。冬には葉が落ちてむき出しになった枝に黄色い実が垂れ下がる。

この木のことを長い間ハゼノキと思いこんでいた。ハゼノキは蠟が取れる。だから肥後藩が奨励した。大津から阿蘇を抜けて大分に出る旧街道沿いに植えられていた。昔、熊本に引っ越して来たばっかりのとき、街道のその木を、あれはハゼノキと人に教えられた覚えがある。

街道の木はともかく、河原に生えているのはハゼノキじゃなくてセンダンだ。それがわかったのは三年前、その四月に母が死んで、四月五月にあわただしく熊本とカリフォルニアを行き来した。そのときあちこちで、この木が咲き始め、咲きほこった。

ハゼノキとセンダン、実はそっくりだが花が違う。ハゼノキの花は目立たない。センダンの花ははなやかで五月が花期である。そしてこのたび、南カリフォルニアのうちの近所でトメが摘んできたのは、まさしくセンダン。

よく見れば花は白紫の二色である。十字みたいという印象は、花弁が細くてクッキリしているからで、実は五弁あった。そして目が覚めるほどの芳香を持っていた。きーんと鋭い、力強い芳香が、たった二ひらの花のために、家じゅうにみちみちた。

今、センダンは熊本の坪井川の河原のあそことあそこで、公園のあそこでも、いっぱいに花を咲かせているはずだ。目に浮かぶ。父も四月に死んだのだが、もうそこには誰もいないから、私は四月五月と熊本に帰らなくてもいいのである。

私もいなけりゃ、父もいない、母もいない。そう思うとぽっかりと空虚である。

見なくてもわかる。河原のあそこで、センダンは風に吹かれて散り落ちている。河原の繁みの中では、雄のキジが雌を恋しがって鳴いている。ノイバラは爛熟しきって、河原じゅうが天花粉をはたいたみたいに白くなっている。

富士山たちと巨木たち

旅に出た。南カリフォルニアを出て、州をまたいで走る高速道路五号線をずんずん北上し、オレゴン州、ワシントン州、カナダ国境。国境を越えてバンクーバーに行き、またアメリカに戻り、こんどはずんずん南下して帰った四五〇〇キロは、日本で言えば、熊本から北陸を通って札幌へ行き、太平洋側を通って熊本に帰ってくるくらいの距離である。

末っ子のトメは免許取り立てで、複雑な道はなるべく私が運転したが、ときどき思いがけず、トメの運転中に、急なカーブのうちつづく山道や先の見えぬほど長い下り坂にかかった。そのたびに私は助手席で、拳を握りしめて覚悟した。ここで死ぬのだ、しかたがない、と。帰りにはそんなことを思わずに悠々と座っておれたから、数日間のうちにトメはずいぶん上達したのだと思う。

数年前、いやもう二十年前になりますか早いもんだ、同じような旅を、一人でやった。カリフォルニアを出て東に向かって、ロッキー山脈の端っこを越えて大平原を北に向かった。モンタナに熊本の友人家族が住んでいた。そこに何日か逗留してまた旅をつづけた。あのときは空を見た。雲と、雨と、岩を見た。それから路上の死骸を見た。コヨーテやオポッサムやスカンクやシカが、ひっくり返って空に足を突き出していたり、親の死骸の周囲に子の死骸が散らばっていたりした。車窓の隙間から洩れてくる風の音は、先住民の葦笛みたいに聴こえた。

で、この旅の話にもどる。この頃、帰化植物のことを考えていた。日本では夏草のシーズンがはじまったばかりだ。熊本の河原には、セイタカアワダチソウの幼い株がいっせいに育ちはじめているはずだ。北米原産のセイタカアワダチソウやマツヨイグサやヒメムカシヨモギが、自生地でのんびりと伸びさかるところを見てみたいと思った。ついでに、タンブルウィードも見たいと思った。

タンブルウィードは、本名をロシアアザミという。十九世紀の終わりに、ロシアかウクライナのほうからアメリカにやって来た。植物だから地面から生え出すが、時期が来ると地面から離れ、風に吹かれて、ころころ転がって、タネをふりまきながら移動をつづける。風来坊のガンマンが出てくるような映画にはたいてい出てきて、ノンクレジットながら、いつも重要なキャストだった。

ところが、何も見られなかった。（日本の）帰化植物たちもタンブルウィードも。方角が違った。私たちは北に向かった。道はちっとも乾いていかなかった。カリフォルニアの中央に広がるセントラルバレー（そこは暑くて乾いているが、灌漑が整っていて、果樹がびっしりと植えられている）を過ぎたら、あとは湿っていくばかりだった。

というわけで、目についたのはまずエニシダだ。まっ黄色になって、ここをせんどと生えさかり、咲きほこっていた。こういうのを「侵略的」と、英語で言う。外来の植物や動物を「侵略的な」植物や動物というけれども、ただの「外来」のニュアンスじゃ収まりきれない、生命力の強さ、本来の生態系を壊してやろうという意志が含まれていることばだ。でも、このエニシダたちを見ていると、侵略的としか言いようがない。何もかも支配したい、弱いものは滅ぼしたいという悪意があるんじゃないかと思えてくる。

それから、オレゴン州に入るや目につきはじめたのは、ジギタリスだ。毒にも薬にもなるあのきれいな花が、日陰だろうと日向だろうと一切かまわずに咲き群れていたのだが、それもやっぱり侵略的に、ヨーロッパから来たのである。

それから、草の実《ベリー》の繁みだ。日本の夏のクズみたいにあちこちを伝い、からまり、繁りさかえていた。これは、ほとんどが在来種で、たぶん黒イチゴ、もしかしたら木イチゴ、でなければ黒木イチゴ、あるいは露イチゴ、ないしは沼露イチゴ（すべて英語からの直訳です）、でも時期がはやすぎた。どこの群れも花ざかりで、まだ実ができてない。あと一か月もすれば食べほうだいだ、なんと極楽のような状態であろうと、私はずっと考えていたのである。

行きは、内陸部の州間高速道五号線を通った。これは幹線道路だから、味もそっけもないが、道は安定していて、何車線もあり、ガソリンも食べ物もいつでも手に入る。ひたすら走ってロサンジェルスの市街地を抜け、山を越え、セントラルバレーを走り抜けると、風景は草地になり、山地になった。川を渡り、峡谷を渡った。すると、とつぜん右手に、富士山みたいな山が、雪をかぶり、いかにも何千年か前の噴火でできあがったようなすそ野を引いて、現れた。左手には、噴火の余力でできたような、こんもりした、黒い小山が現れた。あまりの威容に息を吞んだ。シャスタ山だということは標識でわかったけれども、いったいどういう素性の山か、その夜、たどり着いたポートランドのモーテルで、調べてみた。カスケイド連山の南端にある山だった。黒い小山はブラックビュートといった。

あたりの空気は湿っていた。野山にはもうもうと草木が繁りさかえていた。オレゴン州に入るや（それはシャスタ山を過ぎてしばらく走った頃だ）、トメが、日本みたいな風景だ、と言い出した。熊本の田舎か、成田から羽田に行くときみたい、と。

ポートランドの町からは、カスケイド連山の、また別の富士山が見えた。フッド山だ。ところが、そこから北にもう一つある。アダムス山だ。おお、富士山が二つも、と思ったら、まだあった。セント・ヘレンズ山だ。これは八〇年代の噴火で形がくずれたが、それ以前は、やっぱり富士山だったそうだ。

湿って草木で覆われた日本的な風景の中に、とつぜん富士山が二つも三つも現れたのだ。それなら月や太陽が二、三個ずつ出たっていいじゃないかと思えるような、SFの中の出来事のような、絶景であった。

カスケイド連山はまだつづく。そこからさらに北に行くと、レーニア山があって、ベイカー山がある。レーニア山は、タコマ市の沖合から見ると、田子の浦ゆうち出でたところにあった富士山みたいに見えるんだそうだ。昔の日系人たちが、フッド山をオレゴン富士、レーニア山をタコマ富士と呼んだそうだ。残念ながら、私たちは見られなかった。ポートランドで富士山たちを見た直後から、お天気が崩れて雨になった。帰りがけにまたそこを通ったが、そのときも雨雲が垂れこめて何も見えなかったのである。

雨雲なんて、南カリフォルニアのうちのあたりじゃとんと見ない。雨は年に数回降ればいいのである。ポートランドで会った人がうんざりしたように冗談を言った。このあたりは一年に三百日は雨だと言われてるけど、それは嘘だ、二九五日くらいしか降りません、でも、だからこれだけ緑になるんですよ、と。

緑だった。ほんとうに緑だった。いろんな草のいろんな緑でひしめいていた。クズみたいな葉もあれば、トラノオみたいな花もあった。フキみたいな葉もタカナみたいな葉もあった。ユリ科やマメ科。シダということだけはわかるシダ。イネ科たち。あとは、草であり、木であった。ほとんどの植物は、何科の何さんたちか確認できないまま、群れている、緑だということしかわからないまま、見つめていなくちゃならない。それがもどかしくてたまらなかった。

オレゴン州でもワシントン州でも、町の中で見知らぬ木を見た。冬まで保たないような、薄くて弱々しい葉が、さかんに繁っていた。熊本でもカリフォルニアでも、見たことのない木であり葉であった。それを眺めながら、もしかしたらブナとかニレとかいうのがこれかもしれないと考えた。子どもの頃読んだ本に出てきた名前である。知らなかったから、てきとうに想像していた。（そこらでよく見た）エノキやカシノキやイチョウなんかとは違って繊細で上品で、大きくて強いのがニレ、優しくてたおやかなのがブナ、と。もちろん、あれがブナやニレだったという保証はない。こうしてカリフォルニアに戻ってしまうと、どんな葉だったのかも思い出せないのである。

帰り道は、五号線は通らなかった。いろんな人から、内陸をひた走る五号線じゃなくて、海沿いを走る国道一〇一号線を通った方がいい、とすすめられた。レッドウッド国立公園のど真ん中を道が走る。時間はかかるけど、景色がすごい、海もすごいし、木もすごい、と。

レッドウッドは、ラテン語の学名をセコイアという。近い仲間に、セコイアデンドロン、またの名をジャイアント・セコイアという巨木たちがある。

数年前、いや、これもまた十年以上前になりますか早いもんだ、セコイア国立公園にはじめて行ったときの感動は忘れがたい。ただのスギ林と思っていたら、平地から山道を登っていくにつれ、魔法でもかけられたみたいに、スギの木が、どんどん大きくなっていくのだった。そしてその林の中に、一本、また一本と、大きいなんてもんじゃない、とんでもない大きさのスギの木が、現れ出てくるのだった。そしてとうとう「シャーマン将軍」と名づけられた二千数百歳の巨木の前に立った。自分の存在など、粉微塵になってしまったように感じた。私は、木の前にひれ伏したような気分だった。

私たちは一〇一号線を通った。海は広がり、波は寄せ、崖は切り立ち、小島はつらなり、ときどき内陸に入ってまた海沿いに出た。内陸に入るや、畑地があり、野原があり、川が流れ、草木が生い茂り、「ヘラジカに注意」という、うちのほうでは見たことのない標識が立っていた。南カリフォルニアの海にはいつもサーファーやペリカンが浮かんでいるのに、こっちの海には、誰も、何も、いないのだった。やがて、レッドウッドの森がつぎつぎと路傍に現れてきた。何百年も生き抜いてきた木がつぎつぎと道端に現れ、過ぎたかと思うとまた現れた。それがずっとつづいた。

ただ通り過ぎてしまうのがなんとも惜しくて、私たちはなんども道端に車を停めて木に近寄ってみた。大きな木の周囲には、対比するみたいに小さな植物たちが、葉を繁らせ、花を咲かせていた。それがまたいちいち光を含んで風に揺れてキラめいているのだった。大きな木は幼木をおびただしくひきつれていた。つまり察するに、何百歳の木はみんな雌であった。私も雌であった。私の連れているトメもなま若い雌であった。木の子どもたちの新芽は、私たちの背より低いところにあった。小さなおててをひろげたような、なまなましい幼木の緑が、これから何百年も生きていくつもりだと、ちいさな歯を食いしばってるような表情で、私に伝えてきた。

黴と戦う

熊本に家が残してある。熊本の中央部を流れる川のほとりである。昔、自分の家族と住んでいた家だ。ここ数年は頻繁に行き来した。だから頻繁にそこにいた。家族と住んでいたときは狭ぜましかったが、一人で住むと空間が多すぎる。もともとあんまり広い家じゃなく、大きな一間に中二階があって半地下がある。ドアをあけるともう一つ部屋がある。中二階に子どもたちが住み、半地下に夫が本と一緒に住んでいた。そして私はドアの向こうの部屋に住んでいた。

今も、そこに住んでいる。中二階はがらんと空けてある。半地下には本を置いてある。昔ぎっしりつまっていた本の百分の一もないくらいだ。必要な本はカリフォルニアに持って行き、必要かもしれない本は自分の部屋に入れてあるから、半地下に残っているのは忘れてもいいような本ばかりだ。そこには予備のベッドもあるから、子どもをつれて帰ってきたときには子どもがそこに住む。以前中二階に住んでいた子どもは成長して、もう日本に帰ってこない。今つれて帰ってくるのは、そのあとに生まれた、というか生んだ子どもである。それが私の家で、呼ばれたら二、三分で駆けつけられる距離に、父の家があった。父が長い間独居していた。父と母は、私が熊本に前の夫と住みはじめて何年か経った頃に、東京から移住してきた。それから何年か経って、今度は私が、前の夫と別れてカリフォルニアに移住した。だから父はほんとに一人だった。

四月の半ばに父が死んだ。母は三年前に死んだ。やはり四月の半ばだった。法事のようなことは何もしなかった。ただ命日に合わせて私がカリフォルニアから帰ってきただけだ。父はすっかり衰えていた。

ちょうど三年目に都合良く母のお迎えが、というのが、父の思い込みかほんとに衰えてきたのか、だれにもわからなかった。父は母の命日のすぐ後に死んだ。サクラが終わってキリが咲いてシイが咲いてセンダンが咲く頃だ。河原にはノイバラが咲きのたくり、キジの雄が雌を恋しがってひっきりなしに呼んだ。

花が次から次へと届けられた。花籠や切り花が。だれにお礼をいってだれにお礼を言ってなかったのかも忘れてしまった。言ってない人には今からでもお礼は言わなくちゃと切に思うが、もしかしたら、もう遅いかもしれない。

葬式の次の日に、大阪から来た従弟たちが、父の家から棚を運んできた。私より三つ四つ下のたくましい男たちで、ひょいひょいとそれを運んで私の家に据え置いた。これでいい、この上にお骨を置いときなよ、しろみねえちゃん、と彼らが言った。

それで、言われるままにその棚にお骨を二つならべて置いた。一つは父ので、もう一つは母のである。三年間その棚の上に置きっぱなしですっかり黄色くなっていたから、葬儀社の人が覆いを新しくしてくれた。ま新しい覆いをかぶせた骨壺が二つそこに並んでいる。断っておくがこれは私の意志じゃなく父の意志、昔のことばで言えば、おとっつぁんの遺言だ。

ばあさんのはそのまま置いとく。おれが死んだらいっしょにして撒いてくれ、と。

それで二つ並べてある。その前に花を置いた。花だらけになった。そして私は花だらけのまま、カリフォルニアに帰った。そのときは、花びらがほぐれて落ちたユリがいくつかあった。でもほとんどはまだ充分いきいきとしていた。家の外では、センダンとシイの花が盛りだった。羽田から成田にむかう高速道の両壁には、フジの花が今をかぎりと咲きつづけた。

長かった梅雨がやっと明けるという頃、熊本の家に帰りついて、まず目についたのは、大量の花の死骸である。

この湿気だ、腐り果てているかもしれないと思ったが、ただ乾いていただけだ。そして死に絶えていた。死に絶えて、乾きあがり、変色した花殻を触ると、ただそれだけで、ほろほろと崩れ折れた。青い黴が空中に散った。

切り花というのは、死んでるように見えて死んでない。水に漬けておけば根を出すのもある。しかしその花殻は、完全に死に絶えていた。死に絶えた花は、生殖器だけ取り出されてあるようで、実に、実に、なまなましかった。乾いて土色になっているのに、なまなましかった。おびただしいヴァギナに、おびただしいペニスが、えぐり取られて、血まみれになって、放り出されて、そのまま干上がっているのである。欲情もへったくれもない。セックスした、セックスに使ったという事実だけがつきつけられているのである。その後ろに白い布に覆われて、白い壺に入れられてある父の骨と母の骨が、八十数年の生のはてに迎え取った死とはそういうものと納得している。

枯れ果てて変色し果てた花殻の中で、スターチスとアオキの葉だけが、もとの色を鮮やかに持っていた。

スターチスはドライフラワーによく使う花だ。紙でできたような花がかさこそかさこそいうのである。角張った茎の先に青や紫の萼がついて、その中から白い花が舌みたいにちろりとのぞく。南カリフォルニアではいたるところに生えている。庭から逃げ出した園芸種もあるが、海岸の近くには自生種もある。厚い葉がロゼット状に渦巻いて、その上に茎が伸び、萼を咲かし、花を咲かす。茎の先に、かさこそいいながら、萼がいつまでも残っている。

花殻の山は、燃えるごみの日に、燃えるごみ用のビニール袋に入れて出した。花籠を持ち上げて見ると、おそろしく軽かった。届いたのを受け取ったときは、もっとずっと重かった。ビニール袋を大きく開けて、籠ごと入れた。ちょっと動くたびに、青い黴がぱあっと散った。

切り花は、背の高いまま花瓶に挿してあった。それもむんずとねじ入れた。花や細い茎はほろほろと取れていくが、中心の茎は水分がなくなって、ぽきんと折ることができなくなっている。くたりと曲げることならできる。そうやってユリを折り曲げた。バラを折り曲げた。キクを、ユリを、またバラを、折り曲げた。ストレリチアは鳥みたいに見えた。口を開けた鳥の死骸を折り曲げたような気がした。

洗面台の排水口にはムカデの死骸があった。この家はムカデのよく出る家で、生きているのは何度も殺した。ムカデは頑丈で、どんなに叩いてもなかなか死なない。叩いても潰れないし千切れもしない。肉と殻との間に隙間のない構造を持ってるのかもしれない。

そこにいるそれは、水に漬けた麺みたいにぐずぐずで、鮮やかな青色をしていた。昨夜は気がつかなかった。もしかしたら、ずっと前に死んでひからびて色も褪せていたのかもしれない。昨夜気がつかなかったのは、この青色がなかったせいだ。気がつかないまま、水をじゃあじゃあ使った。それで、ひじきやかんぴょうのように水を吸って膨張し、色を取り戻したのではあるまいか。気持ちのいいものではない。おそるおそる箸でつまんで、排水口から流した。今ごろまっ暗闇のどこかですっかりふやけているだろう。

毎年、夏場の黴には悩まされてきた。熊本は一年の半分が夏だから、一年の半分は黴臭い。残りの半分も、夏ほどではないが、黴臭い。

比呂美さんお香をやってはるんですねと、昔、遊びにきた人に言われたが、お香なんてもんじゃないのである。黴の臭いを消すのにそれしかないから、アジア物の雑貨屋で安いのを買ってきてたえまなく焚いているのである。買ってくるお香も、ジャスミンとかユーカリとか、入浴剤みたいな名前がついている。

あるとき高野山のおみやげだといってお香をもらったことがある。ジャスミンやユーカリより、ずっと高価な由緒正しいお香であった。しかし焚いてみたら、黴対策だアジア情緒だという以前に密教のどまん中、その上、お寺の、法事の、供養の、そういう記憶につながりすぎた。それじゃだめなのだ。黴に対抗し、黴と戦うためには、日常を正気のまま暮らしつづけなくちゃならないのである。

去年は、梅雨の直前にここにいた。父はまだ生きていた。しがみつくような視線を感じながら、じゃ今度は七月に来るわねと言って父の家を出た。雨が降り始めたらさぞや湿るだろうから、多少でも空気を動かそうと思って、私の家の窓をあちこち少しずつ開けて出た。そして梅雨の間じゅう帰らなかった。梅雨が終わって帰ってみたら、人の住まなかった私の家は、何もかも黴びていた。あんなに黴びたのははじめてだ。窓枠はまっ白になり、地下の本棚や本はまっ黒になった。そもそも毎年、黴臭い黴臭いといってたけれども、目に見える黴にはめったに出くわさなかったのである。それでお香以外の対策を練った。除湿器を買ってみた。換気扇をつけてみた。その換気扇は回しっぱなしにした。そうして今年だ。梅雨の終わりに大雨が降った。記録的な大雨が、熊本をふくむ北九州一円に降った。山がくずれ、川があふれて、人が死んだ。

見たこともないような雨が降りつづいた、空が裂けてそこから大きなバケツの水をぶちまけたように雨が降った、東シナ海や南シナ海からどんどん雨雲がわいて出てとまらなかった、と隣人が私に言った。

二十年にいっぺんぐらいずつ大雨になって町が水に浸かる、この数十年で熊本の治水はずいぶん整い、うちの周りも遊水池ができた、それで助かった、二十年前なら浸かっていた、とまた別の隣人が私に言った。

今年、ドアを開けたとたんに、いつもの夏よりは強い臭いがした。死臭かと思った。ドアを開けた途端に、二つ並んだ骨壺と、枯れた、枯れ果てた花殻の山が目に飛び込んできたからである。考えてみれば、死臭というものも、死のにおいではなく、生だったものが死んで、それを分解する生のにおいだ。

人の手に触れたものから黴びていく。テーブルの上に父の革財布が、置きっぱなしに置いてある。それも黴びた。まな板も包丁も黴びた。箸も布巾も、食べかけて置いてあったチョコレートも黴びた。流しの周囲も、床も、黴びた。手に取ると、手の皮膚と物の間でさらさらと黴が動く。足の裏でも、さらさらと黴が動く。

河原は帰化植物たちが繁茂しているかと思ったが、まだだった。雨の前に刈り取られたから伸びていないだけなんだと思う。大雨で枯れた植物は見当たらない。河原が疲れ果てたような表情なのは、草々の根元がまだ泥色だからである。クズもセイタカアワダチソウの幼い草も、ヤブガラシもカナムグラも、刈り取られてまた伸び始めたセイバンモロコシも、根元は泥色のままである。センダンはもう何がなんだかわからないほど葉が繁り、実がびっしりと生っている。クズやほかのカズラ類が、木のてっぺんまで這い上がってさらに繁りさかえようとしている。

夏草や

晩夏である。熊本の河原では、夏草が今をかぎりと生えさかっているはず。のびのびと、たかだかと、生い茂っているはず。花を咲かせ、穂を出して、風に揺れているはず。残念ながら私は今、カリフォルニアにいるので、その壮大な風景が見られない。すごく、すごく残念だ。

ざっと概論すれば、河原に生えてるのは、キク科とイネ科とマメ科がほとんどで、クズとススキ以外は帰化植物である。

夏草や、というあの詩のことば。長い間、夏草というのは、セイタカアワダチソウやオオアレチノギクの大群落のことだと思っていたのだ。滅び移ろっていったものたちの上に生えさかえる生のシルシだ、それじゃなくちゃいけないと。でも、そんなはずはないのだった。昔々にやって来た植物ならともかくも、明治以降にやって来たセイタカアワダチソウやオオアレチノギクが、江戸時代中期の兵どもの夢のあとに蔓延しているわけがない。あれは、まったく違う風景のはずだった。

子どもの頃から雑草が好きだった。シートンやモーグリを読みながら、東京の裏町の路地裏で育った。自然にあこがれていたけど、空気は汚れきっていて、町も川も生き物も食べ物も息絶え絶え、雑草くらいしか自然がなかった。それで、いつも下を向いて雑草を見ながら歩いた。路傍で見たものを図鑑で見直しているうちに、帰化植物ということばを知った。すると、なんと、どれもこれも帰化植物だ。そして、なんと、その多くがそろって北米原産だ。

子どもながら、北米原産にはくわしかった。『シートン動物記』に出てくる動物が、たいてい北米原産だったからだ。コヨーテやオオカミやノブタやエリマキライチョウやオオツノヒツジだ。みんな、強くて、かしこくて、生きて、死んだ。それが生き物の根本の姿勢であると、十歳かそこらの子どもは学びつつあった。だから、北米原産のヒメムカシヨモギやセイタカアワダチソウやブタクサやヒメジョオンやハルジオンも、いやキク科ばかりじゃない、アカバナ科のマツヨイグサも、フウロソウ科のアメリカフウロも、生き物の根本をつらぬいて、強くて、かしこくて、生きて、死んでいるのだろうと思っていたのだ。

で、ここは北米。

北米に来てみたら、原産の人間は肥満しているし、原産の食べ物はろくでもない。原産のコヨーテは路上の死骸しか見かけない。日本に帰化した植物たちはどこにもいない。日本での繁り方なんて目じゃないくらいに、自分たちの生まれ故郷で、のびのびと繁りさかえているだろうと思っていたのだが、いなけりゃ観察のしようがない。

熊本の河原は、十月の末になると、セイタカアワダチソウでまっ黄色に染まりぬいた。そこに自生のススキがからんでいってまっ白になった。まっ黄色とまっ白で、それはそれは見事だった。

南カリフォルニアのサンディエゴの近辺では、一本のセイタカアワダチソウすら見かけない。ヒメムカシヨモギやヒメジョオンらしい草は見るが、姿かたちがちょっと違う上に、日本で持っていた、あのふてぶてしさがない。穏やかに、近隣とのつきあいも欠かさず、社会のすみっこに生きてるような、バランスの取り方を感じる。自生地だからか？

ここは海の近くで、ところどころに潟がある。海辺や浜辺に特有の植物も生えている。自然は保護されてある。その周辺の路傍に、しょぼしょぼとマツヨイグサを見かける。夏の初め頃がいちばん多かった。二、三本ずつ並んで咲いていた。秋になりかけの今は、もうなんにもなくなった。でも、こないだ一株見つけたのである。潟の周辺ではないが、近いところの空き地に。車を停めてよく見てみた。一メートルちょっとの高さで、根元はロゼットで、数本の茎がそこから伸び、その先に黄色い花を咲かせていた。萎んだ花は赤かった。折り取って、持って帰ってびんに挿したら、夜になって花が二つ開いた。透きとおるような黄色の、花びらのやわらかい花が開いた。

『サンディエゴ郡の自生植物』という本を持っている。地元の植物園で買った本で、自費出版のような仕様であるが、それだけに作った人々の熱意が伝わってくる。実に細かく網羅してあって、何でも見つかるのだ。それで、これは湿地マツヨイグサ、英語で言えば、マーシュ・プリムローズとなる。

夏の初めにマツヨイグサを見た場所には、今は、キク科の背の高い草が群れている。ヒメムカシヨモギを重たくして、葉っぱを固く丸くして茎にぴったりと寄り添わせ、てっぺんに鮮やかな黄色の花を咲かしたような感じである。

れいの本で探しあててみたら、キク科のゴールデンアスター（金色紫苑）。でも紫苑じゃない。ラテン名はヘテロテカ。日本に来てもいない、来る気もない植物に、いちいち和名をつける意味があるのかなと考えながら、ネットで探しあてた和名は、アレチオグルマだった。

やはりアレチがついたか。生えてるところも荒れ果てているし、背の高い草が群れて風に揺れるようすが、いかにも殺伐として、帰化植物の苦労を語っているように見えるのだが、これは自生種だ。帰化植物じゃなくとも、自生してても、やっぱり、こんなふうに荒んで生きてるやつはいるのだなと思うと、ちょっとほっとした。そして思った、これで、人みたいに自由意思と飛行機のチケットを買うお金があれば、自生地をとっととおん出てしまうんだろうな、と。

なにしろ、ここは乾いている。沙漠みたいな気候だが、海のそばだから、何もかも塩っぽい。湿地マツヨイグサの生えている湿地だって、実は潟の一部で、水は潮水だ。浜の近くには海浜性の、アイスプラントや、オカヒジキや、アシやヨシやガマが生えている。朝のうちは曇り、午後は晴れる。夕方になると海から風が吹く。内陸の方に二十分も走れば塩っぽさが抜けて、今度は砂っぽくなり、何もかもが乾きあがる。

南カリフォルニアは温暖だ温暖だと人は言うが、温暖なのは気温だけで、雨が足りない。まったく足りない。それで、自生する植物たちの葉はどれも細い。ぶ厚かったり毛が生えていたりする。熊本の河原で、蔓を縦横に伸ばし、大きくてやわらかい緑の葉を翻しながら生えさかるクズなんかを知ってる私としては、ここの植物たちがみんな顔をしかめて、歯を食いしばって生きているように思える。

何度となく夢想した。ここの植物たちを根こそぎ熊本に移植してやったらどうだろうと。こんなに高温で、湿度も高くて、雨も多くて、暮らしやすい、繁殖もしやすい場所があったのかと、移植された植物たちは驚き、喜び、どんどん殖えひろがって、穏やかな自生植物たちを駆逐する。ここのセージたち（種類が多くて強靱である）やヘテロテカたちが、一昔前のマツヨイグサやオオアレチノギクみたいに大群落を作って風にそよぐ。そして侵略的外来種として、悪意を持ったものとして、駆除される……つまり移植したらだめなんである。

マツヨイグサについて話したい。

日本に来ているマツヨイグサ属はたいていたい北米原産、しかも私の住んでるこの辺りのものが多いそうだ。花の大きい大マツヨイグサは、昔は多かったが今は少なくなっていて、雌マツヨイグサと荒地マツヨイグサは、見分けがつかないくらい似ているそうだ。小マツヨイグサは地を這うそうだ。そして、ツキミソウとマツヨイグサは厳密にいえば、違うんだそうだ。太宰治は間違っているんだそうだ。

大か雌か荒地か知らないが、子どもの頃はそこらじゅうで見かけた。東京の裏町に住むうちの一家眷属は、みんながそれを月見草と呼んでいた。子どもとしては、入道雲をセキランウンと呼ぶように、月見草をマツヨイグサと呼ぶのだ、それが正式のカタカナ名だとばかり思っていたのだ。

ツキミソウといえば、メキシコ原産のヒルザキツキミソウというのもある。熊本では庭から逃げ出して野生化している。はかない、きれいな、ピンク色だ。目立ち始めたときには目を疑った。いったいなぜマツヨイグサがこんな色になって、こんなに背が低くなって、こんな時間に咲いてるのかと考えこんで、同じ科の同じ属の違う草だというのがわかるまでにしばらくかかった。こっちでも園芸種として人気があるから、何でもすぐ枯れるうちの庭にも植えてみた。メキシコはすぐそこ（車で三十分）だから、隣の庭に移植するようなものだと思ったが、つかずに枯れた。うちの庭には、日本で問題になってるオオキンケイギクかなんかを植えなきゃだめかもしれない。あれはアメリカの自生種だから、だれの迷惑にもならないのである。

うちの隣に荒れ地じみた公園があって、自生植物を保護しているというのは何度も書いた。春になると花が咲く。いろんな花が咲く。でもいちばん多く咲いて、いちばん早く咲いて、遅くまで残っているのも、このアカバナ科のマツヨイグサの仲間だ。

どれも黄色い花を咲かす。花びらは四つある。萎れると花殻が赤くなる。赤くならないのもいる。茎が直立するのもいる。ロゼットを作って這いずりまわるのもいる。どれも日本では見かけない草なのに、ぱっと見て、あ、マツヨイグサだと思う。春じゅう咲いて、夏まで残って、でも夏が終わる頃には、何もなくなる。例の本で調べてみたら、どれもカミソニア。昔はマツヨイグサ属に入っていたが、諸般の事情で独立したそうだ。だからよく似ているのだ。ぱっと見にはマツヨイグサ、それから、小さすぎるとか、立ってるとか這ってるとか思い直す。

その公園にも外来の植物は入りこむ。自生植物の保護が目的なので、当然ながら、激しく駆除されている。とくに敵視されているのが地面隠し用に植えられてきたアイスプラントで、葉に水を保ってよく育ち、這い広がり、覆い尽くし、土地のものを駆逐する。ときどき管理団体がアイスプラント討伐を大々的にやって、根こそぎにされた死骸がるいるいと積み重なっている。植物といえども、死骸にはかわりがない。すさまじくて目を覆う。

アイスプラント。他の植物たちを本名で紹介している手前、これだけこんな適当な呼び名で放り出してはおけない。ツルナとかマツバギクとか呼ばれるものの仲間で、ハマミズナ科である。このあたりでとくに敵視されているのは、南アフリカ産のカルポブロトゥス・エドゥリスという種類だ。目を大きく見開いたような花を咲かす。色は白っぽい黄色か、鮮やかなピンクである。茎や葉が根こそぎにされて折り重なる中にも、大きく目を見開いたまま、花が死んでいる。死んだ花の色は褪せている。ほんとに、すさまじくて目を覆う。

ごうごうと音をたてて、河原や路傍に帰化植物が繁りさかえる風景が、私の場所だった。菜の花畑に入り日が薄れたりする風景ではけっしてなかった。帰化植物が自生の植物たちを駆逐したと教わっても、まー、自生の植物たちは弱かったのだ、しかたがない、と侵略される側に立ってあきらめてきた。むしろ帰化植物たちこそ、たけだけしく、たくましく、ある意味で自分のロールモデルだったようにも思える。

この風景がいつまでもつづくと思っていた。でも、つづかなかった。帰化植物は移り変わる。たえまなく、もっと強いものに取って代わられる。あれだけ日本に帰化して繁りさかえていたマツヨイグサも、もはや滅多に見られない。まっ黄色なセイタカアワダチソウも勢いが衰えていってるという話だ。まっ白なススキが力を盛り返しているという話だ。

私はなぜパンパスグラスを殺したか

「ほ」ということばは、そのたった一音で、「外にあらわれ出る」「抜きん出る」ことをあらわすのだと、「国のまほろば」の「ほ」も穂の「ほ」もそういう意味だと知ったときは、感動だった。十八か十九の頃だ。穂、とくにチカラシバ属の穂やエノコログサ属の穂は、植物というのが信じられないくらい、子犬や子猫や子兎たちの、ふかふかとしたしっぽによく似ているが、もしかしたら、しっぽの「ぽ」もほんとは「ほ」で、そういう意味だったのかもしれない。

南カリフォルニアの今は、まあ秋のようなもので、イネ科の穂が風に揺れている。

アメリカの文化では、春よりも夏よりも冬よりも、秋が特別だ。十月末のハロウィーンとそれにつづく感謝祭で秋らしさを追求するあまりに、一年分の季節感を使い果たしているような印象がある。そしてその秋らしさとは、東海岸のほうの伝統的なアメリカをイメージしてるから、南カリフォルニアの気候とはあい入れない。

なにしろここでは一年中、日差しの強さも咲いてる花の種類も変わりがない。でも日は短くなる。日暮れが早くなる。それで秋になったと感じるのである。で、気がつくのだ、町の装飾になんとイネ科が多いか。オフィス街の緑地帯や団地の公共部分に植えられている。園芸店にも大量に出回る。そこに表現されているのは、収穫の喜びである。祖先の記憶なんだろうなとアメリカの歴史を思い出して考えている。

イネ科、子どもの頃は禾本科と呼んでいた。その響きが好きだった。禾本科ということばは、帰化植物ということばと、いつもいっしょだった。目につく帰化植物の多くが、禾本科だったからだ。いや、それだけじゃなかったのだが、禾本の意味がわからなかったので、かっこよく思えた。調べてみたら、禾は「いねの形」で「禾穂が垂れた形」なんだそうだ（『字統』）。本は「木の下部に肥点を加えて木の根もとを示す」んだそうだ（『字訓』）。諸行は無常である、今はすっかりイネ科の呼び名に慣れた。

イネ科イネ科と呼んでるけれども、そこに、タケもコムギもススキもカヤツリグサも入っている。英語では、この科を Grass《グラス》 と総称する。意味は草だ。ラテン語では、Poaceae あるいは Gramineae と呼ぶ。Poa は古典ギリシャ語で「草」、Gramen はラテン語で「草」「草に覆われた」だそうだ。東洋の諸語では、おコメのご飯になるイネの存在に心を奪われ、西洋の諸語では、風になびく大草原の草々に関心があったのか。

今、南カリフォルニアの野には、イネ科のパンパスグラスが風に揺れている。

一見したところススキの親玉のようだが、株も巨大、穂も巨大、何もかもずっと巨大、穂はふさふさとして、クリーム色がかった白銀色をしている。和名はシロガネヨシ、イネ科でも、ススキ属じゃないらしい。原産地は南米のパンパ。だったら日本語でも、パンパスグラスなんて気取ってないで、パンパ草と呼べばいいのにと思う。

ススキが穂を出して風に揺れるさまを、人間の男がフェロモンをたれ流して誇示しているようすにたとえるとしたら、パンパスグラスは、シルバーバックのゴリラが群れの雌どもをひきつれて強風にたちむかっている風情である。

何年も前の今頃の時期に、気球に乗ったことがある。海岸の近くの空き地から空にあがり、海風に吹かれて、内陸に漂った。眼下には、造成中の宅地や広びろとした農園、そして取り残されたような空き地が見えた。その空き地にてんてんとあったのがパンパスグラスだ。その頃はこれが帰化植物であることを知らなかった。侵略的な帰化植物と呼ばれていることも知らなかった。ただただ、薄暮の眼下に、ぼうっと白く浮かび上がる美しさにみとれた。

地上に降りたって近寄って見ると、人の背丈よりはるかに大きく、株は一抱えや二抱えじゃすまない太さで、その白銀の穂も、うずたかく盛り上がり流れ落ちるような葉も、圧倒的な主張の強さであった。

それからパンパスグラスに惚れこんだ。毎日パンパスグラスのことばかり考えていたら、思いが通じて、ふとうちの前庭にあらわれ出た。そだって、穂が出て、風に揺れた。自分ちにパンパスグラスが生えているのがうれしくて、みんなに言いふらした。前庭にパンパスグラスが生えてる家、そこがあたしんち、と。

ところが、何年もそれをみつめているうちに、もてあまし始めた。少しずつ、私の心の中には疎んじる気持ちがそだってきた。少しずつ、ないほうがいいと思うようになり、少しずつ、これさえなければという気持ちになった。株が大きくなるようにその思いは大きくなっていき、とうとうそのときがきた。

庭師は隔週でやってくる。庭師といっても、おもな仕事は裏庭に降り積もるユーカリの葉を吹き掃除機で吹き集めることだ。私の園芸の趣味にはまったく理解がなく、ときどきゼラニウムの繁みを、角刈りの後ろ頭みたいに刈り上げる。私が丹念に移植した雑草を、容赦なく抜き取る。その彼が、伸びほうだいのゼラニウムや雑草の苗と同じくらいに、育ちはじめのパンパスグラスを好ましく思ってないことは勘づいていた。

抜き取ったほうがいい、と何度も言われた。あとで手に負えなくなる、とも言われた。そのたびに、いや、これは日本にある植物によく似ていてなつかしいから取っておきたい、と押しとどめていたのである。

ある日私は庭師に、これを取り除きたい、と打ち明けた。ほれみたことかという表情を浮かべつつ彼は考えこんだ。その数年前、彼が抜きたがっていた頃なら、簡単に抜き取れた。でも、今や株は大きくなりすぎていた。

彼は自分の車に戻り、大きなマチェーテ（中南米原産の鉈みたいな武器である）を探し出してくると、勢いよく振りおろして株をざくざくと刈り込んだ。それから鍬で株を切りつけた。あっという間に、株はずたずたになった。そして彼は、株を周囲から少しずつ掘り起こし始めた。一日で終わる作業だとは思ってなかった。それほど株は大きかった。でもあっけなかった。数時間後には、大きな穴がぽっかりと開いていた。

前庭には、三本のヤシの木が生えている。家が建ったときに植えられたヤシだから、たぶん五十歳くらいになる。ローズマリーの繁みとゼラニウムの繁みは私が植えた。日照りや渇水に耐えて生きのび、ふてぶてしい繁り方をしている。移植したアカバナ科のガウラもある。これは、このへんの自生種で、路傍から取ってきた。パンパスグラスがそういう植物たちの間にたけだけしく生えさかり、他を押しつぶそうとしていた矢先のことであった。それが、ぽっかりと無くなった。

あれからもう何年も経つ。

今また、パンパスグラスの白銀の穂が揺れる時期になり、それを見ながら、私は考えている。なぜあれを殺したか。理由が思い出せないのである。思い出せるのは、少しずつもてあまし、少しずつ疎ましくなっていったということだけだ。

植物を殺すのは初めてじゃない。殺しても殺しても植物は生き返る。この株をここで殺しても、どこかで別の株になって生き返るような気さえするのだ。われわれみたいに、個は個で、死は死で、個が死んだらもうおしまいみたいな、そんな生き方ではけっしてない。それで気軽に殺してきた。みすぼらしくなった株や病んだ株は、見切りをつけて、根元から切り落としたりもした。でもあんなふうに、弱ってもいない大きな株を、人の手を借りてまでして、ずたずたに切り刻み、無くしてしまったのは、はじめてだ。

その理由を探して、私はうちの近所を走りまわった。パンパスグラスをじっくり見ようと思った。まるで狩りのようだった。そして獲物は、思っていたとおりの場所にいくつもみつかった。

まず、住宅地の中には一株も見あたらなかった。人の手の入ってない岩だらけの土地にも生えていなかった。生えていたのは、住宅地のそばの人の手の届かないところだ。家の裏手の敷地の外。高速の入り口。中央分離帯。宅地造成のための更地。そして人家が面していない路傍。

かがやく白銀の穂は、一本分でまくら一個分のつめものができるほどふさふさであった。手に取ると、絹糸のようにするするの手触りだった。風にふくらみ、風に吹かれて、狂おしく揺れた。そしてその白銀の穂の中に、何本も古い穂が立ち交じり、立ち枯れているのを見た。だんだんわかってきたのである。なぜ、私があれを殺したか。

古い穂は、色も褪せ、花も実も抜け落ちて禿げちょろけになり、ただひょろ長い草の先にしがみついている。茎の長さは新しい穂と変わらないはずなのに、目立って長く見えるのである。新しい穂に圧倒されて消え失せるということはない。

そうだった。うちのパンパスグラスも、最初の数年こそ新しい穂を白銀にかがやかせていたが、やがて生き殻と死に殻を入り混じらせるようになった。そして年々、死に殻のほうが目立つようになった。死に殻は、案山子か幽霊みたいに、もの言いたげに、凄まじげに、つっ立っていた。

前庭である。家に帰り、まず見るのがその凄まじい姿だった。家から出て家に帰るのは、私にとって、ごく普通の日常生活だった。買い物や、子どもの迎えや、犬の散歩や。それなのに、外から帰るたび、荒野に戻ってきたような気がした。風が吹き抜けた。野垂れ死にしかないということを、覚悟はしていたのに、くり返し確認させられているような気がした。

あれから数年経った。前庭のそのぽっかりと空いたところに、またぞろ、イネ科が二種類生え出して、それぞれ元気にそだっている。今は風に揺れている。

一つは、チカラシバ属だ。チカラシバ属の園芸品種はとても人気がある。いろんな種類があるが、いちばんよく見るのは、そして前庭に生え出してきたのも、猫じゃらしを巨大に、紫がかった茶色にしたやつ。穂は愛らしく、ふかふかで、体温さえ持ってるようで、植物とはとても思えない。この時期にはすっかりみのって、穂をしごくとさらさらと実が落ちる。そして庭先から逃げ出して行く。

もう一つは、正真正銘のススキである。日本のススキは、北米ではとても悪評が高い。日本在住の帰化植物で言えば、これこそ北米原産で、園芸種として入ったのに、今や侵略的外来種としていやがられているオオキンケイギクみたいな存在である。それなのに、こっちの園芸店にはいまだに園芸ススキが何種類も出回っていて、いや、他人事ながら心配になるが、売っているからには買う人もいるのである。それがまた、穂が出て風に散って逃げていく。うちにやってきたこの株も、そうやってどこかから逃げてきた。逃げ込んでみたら、さいわい日本人のうちだった。おおよしよし、今までどこにいた、つらかったろう、寂しかったろう、白いご飯と味噌汁が恋しかったろうと話しかけんばかりの心持ちで、手厚く保護してやるのである。

それぞれの秋

秋のさなかにいろんなところに行った。

カリフォルニアの自宅に、九月末までいた。それから日本に行き、東京に行き、熊本に行き、十月半ばに、各地をまわりながら成田に行って、そこからオスロに行った。オスロから経由地を乗りついで、十月末にカリフォルニアに帰りついた。どこでも秋だった。いろんな秋だった。

九月の南カリフォルニアは、穏やかならぬ暑さがつづいていた。暑い暑い、尋常じゃなく暑いとみんなが言った。私は、日本の友人知人から、暑い暑いの悲鳴をさんざん聞いていたから、まあこんなものかと諦めていた。今までここは、温暖化の影響を受けなさすぎた。見なさい、熊本を。この夏年々気温はあがり、真夏日の記録は更新する。もともと多い雨は年々降り方が激しくなる。この夏なんて「観測史上初めて」というような大雨に襲われた。それに比べて南カリフォルニアはつねに穏やかで、どんなに暑いったって何十日も続くことはなく、湿度は低い。日本の夏のような、べたべたと汗にまみれて天ぷらに揚げられてるような、毛穴の一つ一つに丹念に油を流しこまれているような、ああいう暑さは経験したことがない。そのツケが多少はまわってきたってバチはあたらないのである。

そんな日々、タイサンボクの実が目についた。木の上の方に、小型のパイナップルのような実がいくつもできていて、九月の末には爛熟して、まっ赤な種がはじけ出ていた。その赤がとんでもない赤だった。

南カリフォルニアには赤い実のなる植物がいっぱいある。ナンテン、トキワサンザシ、ナナカマド、その手の赤い実のなる植物である。どの実の赤もきらきらして魚卵みたいで、ついもぎ取って手の中に入れたくなる赤だが、このタイサンボクの実の赤の色にはかなわない。赤が濃すぎて、黒に見える。いや、赤は赤なのだ。邪悪ささえ感じる赤である。それが実から剝き身ではじけたままくっついているので、肉々しい欲望が凝縮した感じである。

タイサンボクはたいてい大木で、上の方に花が咲いて実が生る。花は高潔きわまりない白である。こんなえげつない実をつけるとは、いやあの高潔さだからこそ、こんなにえげつない実をつけるのだと、しみじみと納得した。

タイサンボク、調べてみたらアメリカ原産だが、アメリカ東南部の産で、カリフォルニアではない。その葉はぶ厚くて表面は照りかえり、照葉樹のようである。ここの気候風土にはそぐわない。ここは沙漠気候に海浜性の塩っ気が加わったようなところで、植物の葉は、細くて狭いか、厚くて表面が毛で覆われているかである（いやもちろん例外もありますが）。上を向いて、タイサンボクの実を見ていると、その実も葉もとても異質で、存在も異様で、その異様さを見つめている自分がいったいなんだったかを一瞬忘れ、そうだ、毛で覆われた葉っぱだったと思い出すのだが、そんなものは錯覚ないしは思い込み、私は、熊本の照葉樹林帯の産ですらなくて、関東ローム層の上につくられた工場地帯でそだったのである。そこには、森も林も、なんにも残ってなかったのである。

九月末の熊本には、酷薄かぎりない残暑を覚悟して行った。ところが、暑さは案外まともだった。熊本に着いて二、三日したら、キンモクセイの匂いに気づいた。

東京から熊本に移住してまず発見したのは、熊本には四季がない、ということだった。でもそれをいうと、熊本の人にいやがられる。四季があるというのが、日本文化に生きてきた人々の矜持である。ないと言われると、ここはおまえの家ではないと言われたのと同じで、見下されたように感じるのだ。人の気持ちは害したくないから声高には言わないできたが、温暖化で年々露呈されている。もう四季があると思い込んでいるふりをするのも限界だ。私自身、熊本の水にそまり抜いた今となっては、何を遠慮することがあろう。

はっきり言います。つまり、熊本では、夏になると安定した酷暑がつづく。人間なんかやめちゃって爬虫類か昆虫になりたいと思うような酷暑である。爬虫類や昆虫は別に苦もなく生きている。しかし動物は、植物は、疲れ果てている。疲れ果てていても、木や草は湿気があるからなんとかしのげるが、まさにその湿気があるから、人間には耐え難い過酷さなのである。

近くの公園にトチノキが植わっている。夏の間に暑さでやられて、葉がちりちりに焦げている。

気の毒に。こんなものを植えずとも、センダンやクスノキなんかを植えておけばいいのに、人間というのは無理なことをする。そしてトチノキはほんとに健気で、どんなに葉っぱが焼け焦げても、時期が来れば実をつけてそれを落とす。ヨーロッパの路上に落ちているマロニエとかカシタンとか呼ばれるアレと、まったく同じ色の同じ形に、照りかがやく茶色の実である。毎年拾いあつめるが、一度も食べてやったことはない。食べるには、灰汁に漬けて水に晒してと、処理がずいぶんたいへんだ。食べられないまま、いつか乾いて照りを失っていく。

しかしどんな熊本の暑さも、太陽だ地球の自転だという大きな運命には勝てない。十月に入ればやわらいで、それなりの暑さになる。子どもの頃の東京の真夏は、こんなものだったような気がする。しばらくその状態が続く。さらにすがすがしくなる。町には、秋の格好の人がたくさん歩いている。気持ちは秋でも、気温はなかなか下がらないので、実は過酷である。

それからもう少し気温が下がる。かなり寒くなるはずだが（その証拠にうちには暖房機器がいろいろとある）、夏のトラウマで、秋の今は、なにも思い出せない。

その頃、花が咲き始める。サザンカやツバキだ。さかりになる。どんどんさかりになる。

とくに熊本は「肥後六花」という、肥後藩のさむらいたちによる花作りがさかんだったところだ。六花とは、ツバキ、サザンカ、アサガオ、シャクヤク、キクにショウブだ。ツバキとサザンカは、あちこちに大木がある。大木に今を限りと花が咲く。花期は長くて、四月頃まで続く。その花期が終わる頃には、とっくにサクラなんか散り果てて、夏も近づく八十八夜。というのが、ここ数年の私の印象であった。秋と呼べないくらいの熊本の秋と、冬ともいえない熊本の冬だ。

でも、数年前に秋を見た。はっきり見た。

八月の半ばに阿蘇の山の中に分け入った。あのときの秋草の美しさは忘れがたい。もともと阿蘇は、夏だって空調がいらないくらいの涼しいところなのだが、原野いちめんに、ハギだナデシコだオミナエシだヒゴタイだ、それからススキだというのが咲きみだれ、秋とはこんなものだったと祖先の記憶を思い出した。万葉とか源氏とかの頃の、そしてそれよりもっと前の。いたはずだ、祖先の祖先の祖先のさらに祖先の人々が。生活に追われながら、生き死にをくり返しながら見ていたのだ、秋の草を。

キンモクセイは、最初は空気中にうっすらとまじっていたのである。それが日に日に強くなり、鼻腔にこびりつき、脳の襞のすみずみに入りこんできた。寝てもさめてもそれしか考えられないほどになり、これはもはや匂いだ香りだというものじゃなく、臭気だなと思いはじめた。

河原には、ススキが満開だった。十年くらい前にはセイタカアワダチソウでもっとまっ黄色にそまっていたはずだ。今はずいぶん力が弱まり、群落が小さくなり、ススキに圧倒されている。栄枯盛衰、これが帰化植物や外来植物たちのひとつの運命だそうだ。

ススキといったがオギかもしれない。人の踏み込めない河川敷いちめんに生えている。べったりとした広がり方からも、穂のぱふぱふとした白さからも、ススキというよりオギのような気がするが、聞いたって名乗らないし、遠目で見るだけの素人にはわかりようがない。

ある日私は怖ろしいものを見た。鳥栖のインターから九州道に入り、熊本方面に向かっていたときだ。高速の路肩の外にはススキがさわりさわりと揺れていた。それはたしかにオギじゃなくてススキ、株になってこんもりと盛り上がっていたから、それとわかった。すっ飛ばしていたから、風景は流れていくばかりで注視はできなかった。でもそのうちに、ススキにしては猛々しいものがあらわれて、続いていくのが見て取れた。それがなんとパンパスグラス。ススキと同じような扱いで、高速の路肩に植え込まれていたのである。パンパスグラスは、路肩でつぎつぎに大株になって立ち上がった。立ち上がって白銀の穂をごうごうと風に揺らした。揺らしながら種を無数にこぼし散らした。そこは折から吹いてきた風に乗って散らばっていった。

こうやって外来植物は逸脱していき、国土を侵略していくのである。植えた人間はいったい何を考えているのか。車のことばっかり考えて環境のことを考えているのか。いつかかならず累が及ぶ、きっと悲惨なことになる、数年後には、ススキはめっきりと数を減らし、パンパスグラスは野山を席巻し、しかし特定外来植物に指定され、根こそぎにされたパンパスグラスの死体がるいるい、という状況を思い浮かべつつ、九州道を疾駆したのである。

十月の半ばに、オスロに行った。小雨が降り、濡れた落ち葉が路面にびっしりこびりついていた。寒い寒いと言ったら、冬になったらこんなもんじゃない、これは寒いではなく、まだ暖かい、とオスロ在住の友人が言った。

町を歩きながら、丹念に植物をみてまわったが、いきいきとした、目をひくものはなんにもなかった。これが忘れかけていた「初冬」というものだった。どんなに色づいている葉も、花や穂のような目立ち方はしないのだ。

公園の中、細道の脇に、白い実が鈴なりになっていた。見覚えがある。たいていこういう寒い時期、マサチューセッツやヨーロッパのあちこちでだ。調べてみたら、シンフォリカルポス、スイカズラ科、北米原産、シンフォリは「ともに生る」で、カルポスは「実」の意味だそうだ。小さい白い実がさむざむとした風景の中で際立つ。ほそい茎に実がついているので、遠目で見ると、空中にてんてんと浮かんでいるように見える。夏の死を悼んでいるように見える。自分たちだけ残ってしまった寂しさを黙りこくって耐えている。あとはみんなが、静かに静かに沈んでいこうとしていた。

公園のあちこちに、木々が巨大に伸び広がり、ノルウェイの森、というほどではなくノルウェイの林をつくっていた。太い枝はほとんど地面に届いた。これから黙って数か月を生き抜く枝だ。名前がどれもわからないのがもどかしかった。カエデか、ニレか、ボダイジュか。いずれにしても広葉で、見てるうちにも葉はどんどん落ちた。どんどん落ちて、どんどん積もった。

ホラホラ、これがサボテンの骨だ

世界のどこかにはきっと冬で、雪で、氷で、植物が死に絶えた場所がある。晩秋のオスロに行き、それから初冬のトロントにも行って、冬について考えようとしたのに、それぞれの土地から南カリフォルニアに戻るたびに、空は青く、海も青く、ヤシの木はクッキリして、花ざかりなんである。

その上この秋は、戻るたびにサンタアナの襲来中だったので、冬のことなんかすぐに忘れた。サンタアナ。南カリフォルニアに、秋から冬にかけてやって来る、沙漠から吹きつける熱風である。この辺は、普通は摂氏二十度前後のすっきりした気候なのだ。それなのに突然、熱風が吹きはじめ、気温が三〇度近くに上がって、何もかも干上がる。全身から水気が蒸発する。蒸発しすぎて体が数センチ浮き上がりさえする。木々も草々も萎れくたれ、あちこちで山火事がはじまる。同じ三十度でも、熊本の夏のまろやかな三十度（熊本では暑いとはいえない）とはぜんぜん違う。華氏から摂氏へ換算するとき、計算間違いをしたかと思わざるをえないような摂氏三十度なんである。

十一月の終わりに、アリゾナのトゥーソンに行った。私の住む町からは、南北に走る州間高速道路五号線を南下して、東西に走る八号線に乗り換えて、そのまま東に向かって、ずっと走っていくのである。八号線はメキシコ国境沿いを通る。あちこちにチェックポイントがあり、車の流れが止まって長い列になる。私は徐行しながら検査官の指示にしたがって通り過ぎるが、検査場のそこここに、車から外に出されて検査官に囲まれてうなだれている人を見る。検査場を過ぎるや、私はまたスピードをあげて走り出す。

国境にいちばん近くなったあたりで、沙漠の中に塀が見える。どんな牧場の囲いや工場の塀にも見たことのないような、素っ気ない、冷たい、黒い塀だ。ひと気のないところを長々とそれは続いていく。

ソノラの沙漠は、カリフォルニアの南東部、アリゾナ南西部、それからメキシコのバハ・カリフォルニアと呼ばれる広い地域にわたっている。そのど真ん中にあるトゥーソンの町は、まさかサンタアナ風がこんなところまで、と身構えたくらいの高温低湿であった。ところが土地の古老に聞くと、サンタアナ風なんか関係ない、これが常態だと言うのである。ふだんは乾ききっているが、夏になると一か月間だけ毎日夕立があり、水無し川が水であふれて、ものすごい湿気が充満するそうだ。そのときはたいへん住みづらい、と古老は言った。

沙漠の植物たちに共通しているものがある。小さい固い葉と、トゲである。あらゆるものを敵視しているような、するどくて痛いトゲである。これを書いている今もなんだか足がちくちくと痛む。見てみたら、いつ刺したか、トゲがジーンズの生地の中に隠れひそみ、それが皮膚をちくちくちくちくちく傷めていた。いやな感じだ。悪意すら感じた。

メスキートの木は、よく見かけるが、なんとなく小汚い。樹皮ががさがさして、葉のまとまりがない。ときどきぶらさがっているさや（マメ科なのである）もぼろっちい。水が足りなくて苦労が絶えないのだ、身なりをかまってる余裕なんかないのだと、木がため息をついているように見える。

パロヴェルデの木は、緑色の茎という意味で、名前のとおり幹が緑色、つまり木全体が緑色で、ちょっと見には、木というよりトカゲのような印象の木である。葉はとても小さくて、ふだんは生えてもいないそうだ。雨が降った後にいっせいに吹き出す。日照りになったら、葉は落ちる。日照りがつづいたら、枝まで落ちる。葉がたよりにならないから、緑色の木の幹が、木全体の光合成を請け負っているそうだ。その幹は、トカゲか苔かサルスベリの皮のむけたところみたいになめらかそうなので、手触りを期待して触ってみたところ、飛び上がった。その表面はトゲだらけだった。触るな、水が足りない、人間なんかに触られている余裕はないのだと、この木もまた、金切り声をあげているようであった。

熊本といえばくまモンというように、アリゾナといえばサワロサボテンである。柱のようにつっ立って、両腕を挙げてるように茎を伸ばしている。奇妙で、よく目立つ。着ぐるみか交通巡査のように人間臭い。

カリフォルニアからアリゾナに入ってしばらくして風景が砂の沙漠から荒れ野になり、サワロサボテンがひょこひょこと表れてきたときには感動した。そのうちにあれよあれよと増えていき、しまいには両側の荒れ野いちめん見渡すかぎり、サワロサボテンになった。いちめんのサワロサボテン。いちめんのサワロサボテン。いちめんのサワロサボテン。いちめんのサワロサボテン。いちめんのサワロサボテン。やめるはひるのつき。

それから樽サボテン。樽というのは英語の言い方で、日本語では玉サボテンという。背は低いがよく目立つ。しかし樽とはよく言った、ほんとに樽みたいで、ずんぐりしてどっしりしている。ねじ曲がってるのもあれば、かしいでいるものもある。そして全身をトゲで覆われている。とても長いトゲ。そこまで長くないトゲ。まっすぐなトゲ。釣り針みたいに曲がっているトゲ。それが樽のまわりをもしゃもしゃと覆っている。

それからオコティーヨ。数メートルにもなる大きな植物だ。根元から枝がいくつにも分かれて、放射状に天をめざす。

しかし、これはサボテンじゃない。荒れ野に生えてるし、トゲはあるし、春に咲かす花はとてもきれいだ。つまりサボテンと同じようなものなのに、サボテンじゃないその理由は、トゲの根元に、刺座というものがサボテンにはあるはずで、オコティーヨにはないからである。

荒れ野で長い枝をユラユラ揺らしながら、オコティーヨは枯れているように見える。でも枯れていない。雨が降れば、たちまち緑の葉が吹き出る。パロヴェルデの木と同じように。そして春になれば、枝の先に、真っ赤な花を、犬の勃起したペニスみたいに咲かす。身近な植物でいえば、ハナキリンの茎と海底のコンブを、合成して枯らしたような植物と思ってください。花は、犬のペニスでなければ、ザクロの花に似ている。他人の空似には違いないけれど。

チョーヤサボテンは、毛むくじゃらで、梅酒ビンに入ってるわけではなく、細くなく太くもなく、直立してもいず、ただくねりにくねっている。毛むくじゃらでくねっているから、動いているように見えるが動いてない。サボテンというよりぬいぐるみの手足だけくっつけたみたいで、かわいらしいが、よく見ると、その毛はぜんぶ邪悪なトゲなのだ。

チョーヤの中には、ジャンピング・チョーヤといって、トゲが勝手に飛びかかってくるのがあるから気をつけなければいけないと、土地の古老に言われた。いくらなんでも植物だ、動くもんかと思ったが、実際に私はうかつに近寄ってトゲまみれになった。そのトゲは、やるせなくなるほど取れにくくて痛い。

ウチワサボテンは、どこにでも生えている。荒れ野にも、路傍にも。人の家の庭の生け垣にもなっている。そして、どこに生えていても、カイガラムシにたかられているのが目につく。

昔メキシコの染色工場で見た。その染色工場はウチワサボテン畑のど真ん中にあって、畑のサボテンには、びっしりとカイガラムシがたかっていた。その畑はカイガラムシの養殖場で、そのカイガラムシこそ、うちのポトスやモンステラにたかるのとはかなり違う、コチニール・カイガラムシなのであった。古くからアステカやマヤの文化で赤い色素の原料にされ、ヨーロッパ人に知られてからは、銀と同じくらいの需要があったそうだ。室内園芸にはまって以来、カイガラムシをおびただしく殺してきた私としては、ふしぎな気分になる話である。

路傍のウチワサボテンにたかるカイガラムシもあの貴重なコチニールと同じかどうか疑問に思っ

て、一匹取って潰してみた。くにゃりと潰れた。虫とは思えない潰れ方であった。黒ずんだ赤い汁がべっとりと指に染みついた。染みついたとたん、それは指の腹で、とても鮮やかな臙脂《えんじ》色に変化した。

ウチワサボテンは、コチニールだけじゃない、人間にも食われる。うちの近くのスーパーにも、そのウチワみたいな茎からトゲをそぎ落としたやつが売ってある。食感はぬるりとして、味も、色も、茎ワカメに似ている。

ほら、まただ。荒れ野の植物たちは、ほんとうに海底の海藻に近い。荒れ野に立ってあたりを見ていると、ここはほんとは海底で、みんな海藻なんだという幻覚に襲われる。

よくよく見ると、荒れ野はサボテンの死骸だらけ。

もちろん、セコイアの森に行ったって、幼木から、老いた木、死んだ木、朽ちた木といろんな段階の木が見られる。ブナ林に行ったって、照葉樹林に行ったって、同じことだ。でも、荒れ野のサボテンの死骸と、刻々移り変わるその死骸の変化は、木々たちよりもっと生々しい。

死んだサワロたちは、生きているサワロと同じ姿勢で立ち枯れて、肉がくずれ落ちて、乾いていく。やがて中から、何本も骨が突き出る。サワロを、何十年も、もしかしたら二百年も支えてきた骨だ。それが突き出る。

死んだチョーヤは外側のトゲを落とし、茎の肉づきを落とし、やがてぽつぽつと穴のあいた骨になり、生きたチョーヤと同じ姿勢でそこに立つ。

仏教のほうで、人の死体が腐っていく過程を凝視する修行がある。白骨観という。このソノラの荒れ野で無頼に生きているサボテンたちが、まさかそれを、実践、とまでは言わないが、具現していようとは。

メキシコの「死者の日」の、骸骨の行き交うあの狂騒も、考えてみればこのサボテンたちの生きざまによく似ている。生きた人間が死んだ人間と交わりつつ荒れ野を歩いていくファン・ルルフォの、あのメキシコの土地を代弁するような文学も、サボテンそのものではないか。

ベルリンの奇想天外

アリゾナで見たのは、死と隣り合わせのようなサボテンたちの生きざまだった。死は、明るくてあっけらかんとしていた。死臭ですら、死肉を食べる動物たちを惹きつけるのだ。

オスロやトロントで考えはじめ、考えつづけていた「冬」が、アリゾナに行ったらすっかり途切れた。途切れたまま、私はベルリンに行った。十二月半ばのベルリンだ。北だし、内陸だし、さぞや寒かろうと思って覚悟はしてたのであるが、案の定とっても寒くて、零下になって、雪が降ってまっ白になった。南カリフォルニアで買ったダウンコートはすうすう風が吹き込んできたし、日本の百円ショップの手袋は、零下の雪には何の役にも立たなかった。しかたがないから、ありったけのものを着込んで、着ぶくれて外を歩いた。

楽しみにしていたのだ。ベルリンに行ったら、ものすごい冬のどまん中の植物たちを見られるだろうと。何もかも無惨に死に絶えて、生のしるしなんかどこにもない。十一月初めのトロントの野原で見たのが、そういう無惨さを予感させる木々あるいは草々で、実をつけたまま立ち枯れていたウルシ科のスマックとか、「ホラホラ、これが僕の樹皮だ」と言いたげに白じろとしていたシラカバとか。ああいう植物たちの末期感が、さらに極まって、冬に呑み込まれて、凍え果て死に果てて死屍累々……と期待していた。

むかしポーランドに住んだことがある。寒かったはずだが覚えてない。若かったから寒くなかったのかもしれない。暗い雪道をバス停までてくてく歩いて、バスに乗って職場に行き、暗い雪道をてくてく歩いて、バスに乗って帰った。なかなか夜が明けず、すぐ日が暮れた。冬場は陽がちっとも射さなかった。どの建物も外からの入り口のドアを開けるとまたドアがあり、その奥にはぶ厚いカーテンが垂れさがって外気を遮っていた。室内に入る前に、カーテンの前で身ぐるみ脱いで不機嫌な顔のクローク係に預け、出るときは小銭を渡して衣類の山を取り戻し、一から着直して外に出た。そういうことは覚えている。

でももっと覚えているのは、その寒かったはずの冬を過ごして、ようやく春が来て、まだ雪はあるのに公園の片隅にぱあっと吹き出したクロッカスや、さらに春が深まって、ぱああっと店頭に出てきたいんげんの穫れたてを、茹でて発酵乳をとろとろかけて食べたときの喜びとか（つまり冬の間は、根菜類と萎びたリンゴと古漬けキャベツくらいしか手に入らなかったのである）、露店に並びはじめた草の実の、光をふくんできらきらしてるのを、指でそっとつまんで口に入れたときの甘さとか、そういうのははっきり覚えている。

それで、ベルリン。十二月半ばのいちばん暗い時期であった。でも死屍累々は見なかった。もちろん寒かったし、零下だったし、雪は降った。日は刻々と短くなり、陽はちっとも射さなかった。

木々も草々も雪にのしかかられてひしゃげていた。

　在ベルリンの友人が、ダーレムにある自由大学付属の植物園に連れていってくれた。友人とは古いつきあいで、私の植物への熱情をよく知っている。その植物園は、一昨年日本で話を聞いて以来、行きたくてたまらなかったところなのである。

　友人の父上が宣教師で、西アフリカのナミビアに長く住んでおられた。友人は何度もそこを訪ねたのであるが、ナミビアの沙漠でそれはそれは不思議なものを見た。沙漠といっても、まばらに草の生えている、荒れ地のような土地で、遠くにこんもりするものがある。向こうにある。あっちにもある。遠くから見ると、ごみの山みたいに見える。しかし近くに行ってみると、植物なのがわかる。先端の枯れた葉がとぐろを巻いている。イエス・キリストの生きていた時代から生きている株もあるそうだ。それがベルリンの植物園にあるから見にいらっしゃい、と。

　一昨年の早春、友人は熊本を訪れていた。大地震の直後であった。友人を案内して阿蘇に行ったら、あちこちの湧き水が変化していた。山肌から水が涌き出るところがある。濡れた岩肌はシダや地衣類でおおわれ、そこからいきなり水がこんこんと湧いて、流れを作るのだった。ところが一昨年のそのときは、岩肌はすっかり乾いていたし、水量ときたら、締め忘れた水道の蛇口程度であった。ちょろちょろと滴るのを手のひらに受けて飲んだら、柔らかかったはずの水の味が、硬くなっていた。阿蘇の町の中にある池も一夜にして干上がったと聞いて、そこに行ってみると、水草がすっかり露出していた。水のなかではぬるぬるとして獰猛に揺らいでいる水草も、陸で乾けば、ただの干草だった。

　それから私たちは阿蘇山の火口に登った。そこにあるはずの湯だまりが消え失せていた。もう一月くらいになりますかねえと監視する人が言った。そのときけたたましくアナウンスがなりひびき、異常はわかったが、何を言ってるのか聴き取れず、帰り支度をする監視の人に聞くと、吹き上がる蒸気の二酸化硫黄濃度が危険なほどに上昇したというのである。私たちはあわてて車に乗り込んで火口から離れたのである。

　そういう旅の道々に話してくれた、ふしぎな植物の話であり、ベルリンの植物園の話であった。名前はウェルウィッチア。裸子植物の、グネツムという植物群の中の、ウェルウィッチア科の植物である。ウェルウィッチアという名前は、発見者のヨーロッパ人の名前からつけられた。和名は「沙漠万年青」。あるいは「奇想天外」。奇想天外な漢字の名前は、前にも話したが、多肉植物に共通するものだ。

　ベルリンには、去年の三月に行く予定があった。ウェルウィッチア、ぜひとも見るつもりであった。ところが諸般の事情で、土壇場になってキャンセルしなければならなかった。忸怩たる思いであった。ところが思いがけずこの冬に、ベルリン行きが叶ったのである。

　それは、巨大な植物園であった。みどりにかがやくガラス張りの温室がそびえたっていた。大きくて、天井は円くて、いちめんのガラスに、ぶこつな鉄骨がむき出しであった。そして、古い温泉宿みたいにどんどんつなぎ足してあった。テーマ別に植物があつめられ、生え繁っており、一つのドアを開けると、そこにまた新たな植物相が広がり、どこまでも無限に行けるかと思われた。

　私は友人に連れられて、蔓のからまる南米を走り抜け、北米のサボテン沙漠を走り抜け、アジアの竹林を走り抜け、日本のツバキ林を走り抜け、ベゴニアの群生も、ランの群生も、食虫植物の群生も走り抜けた。

　そうしてたどり着いた小さい別室、張り出し窓みたいなガラスの展示室の中に、それはあった。植物が標本のように生かされていた。いや本当は、どこもそうなのだが、植物たちが繁ったり枯れたりしているので、気がつかなかっただけだ。ここの部屋にかぎっては、ナミビアの沙漠の乾いた植物ばかりなので、標本らしさに気づいただけだ。そしてそこにウェルウィッチアが。大きいの、小さいの、七つばかりあった。大きいのは人間の赤ん坊の頭くらいの茎、茎とそれを呼ぶならば、むしろ茎というよりぱっくり裂けた岩のような塊であり、小さいのはまるで歯医者で見る歯の模型であり、そこから数条のコンブ状の葉が生え出して、伸びて、先端を枯らして、でも茎に近い根元は青々として、のたくっていた。どこかで見たなと思ったら、二口女の頭部である。今にもにぎり飯を咥《くわ》えんとしている。葉は、枚より条と数えたくなる形であり、長さであった。数条と見えたが、実は二条で、それが破れて、数条に見えたのだ。生涯に、たった二条の葉を際限なく伸ばしていくのが、この植物の特徴なのであった。アリゾナのサボテンたちよりも、さらに海藻によく似ている。ナミビアの沙漠のどまん中で。

　なんのために海藻みたいになってるの？　乾けば乾くほど見たこともない海が恋しくなるの？

植物ほんにんが答えてくれるものなら聞いてみたい。

それから私たちは外に出た。吹雪だと言うと、友人が、吹雪じゃなくてただの雪だ、と言った。こんなに寒いし、雪はあとからあとから降ってくるのに、と言うと、友人が、まだまだこんなものじゃない、と言った。それで勇気を出して歩いていったのが、日本の植物群の植えられている一画だ。サクラが何本もあったが、すっ裸であった。ある年の春、花の下で、おむすびと水筒に詰めた酒を持参して花見を試みたが、たちまち管理人に叱られて追い出された、と友人が言った。これは何、あれは何、と友人が木々の説明をしてくれたが、葉は、どれにもなんにも残ってなかった。でもその中で、ムラサキシキブが実をつけていた。独特の深くて品のある紫色だった。

オスロにはシンフォリカルポスの白い実が生っていた。カリフォルニアの野には赤い実が生る、鈴なりに生る。そしてまた今ここベルリンの雪の中に生るムラサキシキブ。その実のてりてりとした美しさよ。秋冬に、ありがたいと手を合わせたくなる色は、どれも実なのである。夏の光だの生だのが、色になって凝縮しているのである。

そこからさらに歩いていったのが、北米西海岸の植物の一画だ。そこにジャイアントセコイアの幼木があった。

本場の人から見たら幼稚園児みたいなものなんだろうけど、と友人が言った。いや、おむつしてるくらいと言いながらも、やはり見入った。幼くても、見慣れた赤い樹皮の色をして、まっすぐに伸びた木であった。

雪が降っていた。帽子にもまぶたにも降り積もった。すれ違う犬連れの人の肩にも犬の背中にも、雪は降り積もった。こんな荒天の中を、ドイツ人は凄い、赤ん坊を着ぶくれさせて、乳母車に乗せて歩いているのである。そして赤ん坊は穏やかに眠っているのである。乳母車の中にも、赤ん坊の頬にも、雪は降り積もった。太郎の屋根や次郎の屋根どころじゃなく、降り積もった。しかし不思議だ。何も脅威じゃないのである。

つい先日、ジャック・ロンドンの短編『火を熾す』を柴田元幸訳で読んだ。実は翻訳者の日本語の朗読を聴いて心を動かされて買った本なので、最初は耳から入ってきたのだ。雪の中で遭難する男の話だった。寒そうだった。死にひきずりこまれそうだった。そこには植物なんか何も存在しなかった。犬だけが生きていたのである。

ところが、この現実の冬のベルリンで、そんなに雪が降りしきる中でも、私は、ああ私は、この頃植物のことばかり考えているから、体液が少々樹液化してきたような気がするし、ときには髪の毛で光合成なども行ってしまうのである。そして私は、雪に降りしきられながらもいきいきと生きていて、死はなんにも感じなかった。むしろ頭の上に雪が積もれば積もるほど、指がかじかめばかじかむほど、その後に明るい暖かいものが来て、生き返るのを確信していたのである。

天草西平ツバキ公園

天草は温暖で、光にみちみちているだろうと思ったらとんでもなかった。おそろしく寒かった。小雪さえちらついた。風はものすごい強風で、崖の上にいると沖まで持っていかれそうな恐怖を感じた。たぶん気温は五度や六度だったんだろうが、この強風と熊本仕様の軽装のせいで、体感温度は零度以下だ。ベルリンやオスロなみの重装備で臨むべきだった。

昔、サンディエゴの港からクジラを見ようと船で少しだけ外洋に出た。ものすごい強風でおそろしく寒かった。陸地はいつもどおりの温暖なカリフォルニアだったから、乗客はみんなタンクトップやショートパンツ、私もまたその程度の軽装で強風に吹きっ曝され、寒い冷たいというより痛いくらいで、航海とか海賊とか漂流とか、こんなに凄まじいものだったかと驚きたまげた。

天草の海岸もまったくそんな感じ。甘く見た。うかつであった。

天草下島の本渡から山の中の道を突っ切って、下島西側に出たとたん、東シナ海が波立っていた。海いちめんに波の穂がばらまかれたように白じろと散りばめられて、一つ一つがきらきらと光って見えた。

午後だった。西の高いところに太陽があった。西といえば海の向こうだ。雲の間から光が放射線状に海の上に差し込んだ。スポットライトを当てているみたいだったが、当たったところにはなんにもなくて、ただむしろ、いっときも落ち着かずに騒ぐ海があり、きらきらする波の穂があった。

天草下島にある西平ツバキ公園。私は冬に満開のツバキを見たかったのだ。ツバキ祭りも近いから人出も多かろう、いやだなあなどととぼけたことを言いながら行ってみたら、この寒さ。花なんか咲いてなかった。ツバキ公園の事務所では人々がツバキ油の初絞りをやっていたが、人の気配はそれだけだった。ツバキ祭りはまだまだ先だった。

勘違いしていたのである。冬に咲くのはサザンカで、ツバキじゃない。そもそも常緑のはずの天草の山々が、冬は、落葉はしないまでも茶色っぽく沈み込んで黙りこくっているのだった。

天草は島々から成り立っている。北は雲仙を正面に据えて有明海、西は荒々しい東シナ海だ。東には不知火海が、入り江と湾とで複雑に入りくんで、ひっそりとひろがっている。熊本市から西に向かって、国道五十七号線を走っていくと、海沿いの三角港あたりで五十七号線の名称がぷっつり途切れる。なんでも海を越えて島原にたどりつき長崎までつながるという話だが、確かめたことはない。三角港の後、道は県道になり、同じ広さ、同じ交通量のまま、片側一車線で海岸沿いをうねうねとつづく。

橋を五つ渡る。大矢野島から、上島、下島。有明海沿いの道が、島々の外枠をたんねんに縫いとっていくのだ。今回は、本渡町を過ぎて内陸に入った。内陸の山を突っ切る道にはサザンカが咲き群れていた。花ざかりだった。内陸のトンネルだらけの道から、いきなり海岸沿いの道に出た。山が海に落ちこんでいくように東シナ海にぶち当たった。海はいつのまにか鏡のように静かな有明海から外海の東シナ海に変わっていた。

サザンカとツバキの違いは何かというと、花期の違い（これは今回、骨身に沁みてわかった）と見た目の違い。

サザンカのほうがぱっくり開いてめしべやおしべが飛び出ている。いや、これは案外あてにならない。原種のヤブツバキと比べるからそう見えるだけなのかもしれない。ツバキとサザンカの間にはおびただしく交雑種がある。ツバキに近いサザンカも、サザンカに近いツバキもある。口を開けっぱなしてめしべやおしべの露出したツバキもある。

でもいちばんの違いは、終わり方だ。ぽとりぽとりと花ごと落ちているのがツバキ。花びらをちりぢりに散り敷くのがサザンカ。

内陸を突っ切る沿道にあらわれてくる花の木はどれもこれも下に花びらを散り敷いてあった。交雑種の中には、サザンカなのにツバキめいて、花ごと落ちるのがあるそうだが、細かいことは言うまい。そもそもこんなによく似ていて、こんなに交雑するサザンカとツバキの違いとは何か。コヨーテと犬の違いみたいな違いであれば、交雑したっていくらでも繁殖できる。ともにツバキ科でツバキ属で、チャノキの仲間だ。葉の色も花の形も、とても似ている。とても近い。

ツバキ公園には自生のツバキ林があって、二万本のツバキが自生しているそうだ。初絞りのツバキ油を絞る男たちの中から、Sさんが案内役を買って出てくれた。で、Sさんの話によると、ここは昔は松林だった。炭坑の坑道をつくる木材を作っていた。ところがマツクイムシにやられて少しずつ枯れた。今から四十数年前にすっかり枯れ果てた。そしたら下生えのツバキが伸びてきた。

ツバキ林は見事にツバキだらけだった。大きい岩や石がごろごろ切り立っていて、石と石の狭い間から、ツバキの木が際限なく生え出していた。ちらほらと花をつけているのもあった。実をぶらさげているのもあった。地面には、カタシ（堅）の実と呼ばれる丸い実がいくらでも落ちていた。割れて開いて落ちているのもあった。よく見れば、固くて黒いタネもあちこちに落ちていた。Sさんが言った。

「下ん方さ行ったら太か古か木んあるですもんなあ。風ん当たって枝んこぎゃん横っとるですもんなあ」

もっと下に行くと大きくて老いた木がある。風に当たって身をよじり、横ざまに曲がっている。そうSさんが誘うものだから、私はSさんについて降りていったのである。

途中に展望台があった。そこに立つと、見渡すかぎり、ただ東シナ海であった。海に至るまで、ツバキの木々であった。いちめんにひしゃげていた。風になぎ倒された形であった。

あちこちに大きな木があった。これはかなり年取った木ですか、と聞くと、それは違う、と。あれはムクです（幹が違うからすぐわかる）と。これはクス、あれはアコウと指さして、あれもムク、あれはガジョマルです（ガジュマルじゃなくてガジョマルとSさんは言った）、あれはケヤキ（葉がすっかり落ちているからすぐわかる）と指さしながら、さらに下に降りていった。

一本のツバキの木の前でSさんはたちどまり、遊歩道の石の柵を乗り越えて木に近寄り、幹を撫でながら、感に堪えぬように説明した。

「この枝がこぎゃん伸びてこっちゃん入ってこぎゃん巻き込んどっとですもんなあ」

枝が出て伸びて、分かれて伸びて、また元の枝に戻ってひとつになる。ベンジャミンゴムやパキラの枝を縒り合わせるように、枝と枝がくっついて、薄い継ぎ目が見えていた。さらに伸びて、また戻り、そこにも継ぎ目が見えていた。継ぎ目をいくつもつけて、幹は捻れ、曲がって、伸びていくのだった。

ほらこんな、とSさんがしきりに見せるので、私も遊歩道を乗り越えて木に近寄り、触ってみた。すごい感触だった。人肌のようにすべすべしているのである。体温があるとは言わないが、気温よりはよほど温い。幹は白い。その白さの奥からいろんな色が浮かびあがってくるのである。緑や赤や黄色、人でいえば、血管や内臓がほの透けて見えるようだ。木肌の白と内臓の彩りがかさなって、なまめいて、こっちにすり寄ってくるのである。

私は人の腕を愛撫しているような気分になった。腕というところはたいして性感の発達したところではないから、今までこんなふうに愛撫する相手はいなかった。でも今みつけた。そんな気分であった。おれの腕を愛撫してくれと言われるままに愛撫している、そんな気分でもあった。

上の方に葉が集まり、禿げみたいな腕であった。老いると男は禿げる、そう開き直ってる感じだった。せいぜい数メートルの木は、大きく太くならずに、細いまま枝分かれしていた。他のツバキと同じように風に吹かれてひしゃげていた。他のツバキと同じように茶色く乾いたクズの蔓で覆われていた。

今まで私の目は、大きい木にばかり向いていたのだ。小さくてもみっしりと年を経て、こんなにエネルギーを保てるなんて想像もしなかった。ツバキは百年くらい生きると実をつけなくなる、とSさんが言った。こん木はもう二百年くらいになる、とSさんは言った。それならもう実はつけまい。今年でも来年でもいいから、花期のさかりに来て、確かめたい。花を咲かすか、花を落とすか。海に至るまでの斜面はずっとツバキだった。ツバキが何もかもを覆いつくし、さらにその上に、ここでカヅラと呼ばれるクズの蔓が、枯れ果てて覆いかぶさっていた。

「カヅラは、根切りすっとですばってん手に負えんごつなっとですもんなあ、それもまた自然ですもんなあ」

今は枯れ果てているが、春になると芽吹いて何もかも覆い隠す、それでもツバキは強いからたいてい枯れない、枯れるのもあるけどたいてい枯れない、とSさんは言った。

「今日は冬だけん、北西の風が吹きよるけん、もうちょっとすると大ヶ瀬の左からはえん風が吹きよるとたい」

Sさんが、同行した私の友人に話しかけていた。友人は天草の生まれ育ちで、これまでにも幾度となく私を天草に連れ出して、東シナ海の岩場や波の上の光の在処や天草の密林や、さまざまな秘所を教えてくれた。このSさんとも旧知の仲である。

「はえん《の》風」というのは南風のことですよ、と友人が私に向き直って教えた。それで思い出した、『物類称呼』だ。冒頭に風についてのことばが集めてあった。その中に「しらはえ」「くろはえ」いくつも「はえ」と呼ばれる風があった。どれも「南風」だった。初めて日常会話の中で使われるのを聞いた。

大ヶ瀬はすぐ目の前の海中に浮かぶ。いくつもの岩礁が集まってできている。

あそこには珊瑚礁もあって、いろんな魚が集まってくる、もう少し経つと、あの岩と岩のまん中に夕日が沈む、それがまたすばらしい、美しいとSさんは言ったけど、そこは展望台で、私たちは吹きっ曝されていて、私の髪の毛は右に左に上に下に乱れ騒いで、顔にかぶさり、耳にもかぶさり、Sさんの天草弁を聞き取ることができなかった。でも意味ははっきりと聞き取れた。

天草の海は荒れた。波穂が光った。光がみちた。鳶が空で鳴いた。また鳴いた。天の裂け目からこうこうと夕日が射した。

バオバブの夢

日本は寒いと日本の人たちが言った。私が日本に行く前にも人々はしきりに言っていたし、日本から帰って来た後も言いつづけている。

だから、私は一張羅の防寒着を持って熊本に行った。ベルリンやトロントで着たダウンのコートである。でも熊本では着なかった。寒くはあったが穏やかで、たった一度天草のツバキ公園の崖っぷちに立って風に曝されていたとき、あのダウンさえ着ておればと考えた、あとはダウンのだの字も思い出さなかった。

東京では大雪の予報だった。飛行機の発着も乱れるだろうと東京の人たちが言った。でも大雪にはならず、積もりもせず、飛行機はちゃんと飛んだ。東京でもダウンなんか着もせず、友人の家に置いて南カリフォルニアに帰ってきた。

帰りついたら暖かかった。日差しも強かった。どこかで何かを騙されたような気分になった。家の中の植物たちがみな、疲れ果てたような表情をしていた。こっちも疲れているから、しばらく茫然と眺めていたが、ふとポトスの鉢を手に取ると、からからに乾いて、乾きすぎて、もぬけの殻である。あわてて水に浸けてやり、家じゅうを見回すと、他にも緊急手当の必要なものがあっちにもこっちにもいた。

水をやった。乾きすぎているものは水に浸けてやった。ホマロメナは全身がカイガラムシにやられていた。カイガラムシだらけの葉を切り取り、花や小さい芽も潔く折り捨て、隙間のできた株全体を、洗剤水と指先でもみ洗いし、一葉一葉、一茎一茎、葉の裏表も茎の割れ目も、すみずみまで洗いきよめた。いくつかの鉢は捨て、いくつかの鉢は、家の陰の陽の当たらない場所に出した。

私はもともと室内園芸のマニアである。買って枯らしてをくり返していた十年ほど前のある日、ふと、家の中にあった（昔、夫が買ったようだ）巨大な園芸百科、その名も『ハウスプラント』という本を手に取って、というか、重たいので両腕で抱きかかえて、読みはじめた。それを参考にして世話をしてみたら、おもしろいほど枯れなくなった。やがて、科名と原産地を調べれば育て方の見当がつくようになった。状態が悪くなりはするが、枯らさずに、何か月も何年も育てた。一時は、家の中に鉢が二百以上うち並び、私は毎日、枯れ葉取りと植え替えに明け暮れていた。

あの頃は園芸店に行っても、知らない植物はなかった。いい状態の株を選ぶのも楽しかったが、状態の悪くなった鉢をわざわざ買ってきて、育て直すのも楽しかった。枝の先を水に浸けて、どんどん殖やした。窓際には水漬けのガラスびんが並び、やがてガラスびんが底をついてコップを使うようになり、家族から苦情が出はじめた。

いっぱい育てたが、いっぱい枯らした。この手でちょきんと根や蔓を切って、生を断ったものもいっぱいいた。家の中に観葉植物として置いておくかぎりは、ある程度の状態以下になったらあきらめて、捨てる枯らす殺す、その行為に及ばざるを得ないことを、日々の実践の中で知った。

その頃だ。私が植物の法を見極めた。植物と、人間もふくめた動物たちとの、生き方死に方の違いである。植物は死んでも死なない、死ぬは生きるであり、生きるは死なないということだ。

カリフォルニアは雨の多い冬だった。その前年は大規模な山火事で、山も野も森も、みんな燃えた。雨の冬の後の春には、火事で焼けて無くなったものが、すべて、すべて、生き戻った。

初めてセコイア国立公園に行ったのもその頃である。末っ子が七歳かそこらであった。もう子どもを生むことはないと確信していた。最後の子どもの手を曳いて、セコイアの巨木の前に立ち、見上げていたら、上からぽとりぽとりとセコイアぼっくりが落ちてきた。見れば周囲にいくらでも幼いセコイアが生え出ているのだった。私は四十数歳で、もう生まない、ないしは生めないのである。それなのに、この二千数百歳の巨木はまだ生めるし、生んでいるのである。以前たどりついた植物の法が、ここでもう一段階、進化したような気がした。

それからしばらくして、父が胃がんをやった。母が脳梗塞をやった。日本に帰る間隔が短くなった。帰るたびに、残していった植物たちが枯れていった。

ここ数年は、毎月のように日本とカリフォルニアを行ったり来たりした。そのたびに、数週間留守をした。植物たちはほったらかされた。弱いものはどんどん枯れる。頑丈で、虫のつかない、乾きに強いものばかり生き残った。モンステラ、アンスリウム、ポトス、つまりサトイモ科はたいてい強い。サンセベリア、キジカクシ科も強い。ユーフォルビア、トウダイグサ科も強い。シソ科も、ツユクサ科も強い。

今回の留守では、ホマロメナ以外にも、カイガラムシにやられたものが多く出た。長く保ったプレクトランサスが、とうとうだめになった。死んでも死んでも生き返るトラデスカンチアも、とうとう捨てた。葉を切り落としてから捨てた。ウツボカズラも、だめになった。

ここにもう一つ、鉢植えの園芸植物の法がある。買ったときがいちばんきれいで、あとはどんなに世話をしてもどんどんみすぼらしくなる。そしていつか枯れるということだ。

家の中ががらんとしてしまった。それで私は久しぶりに園芸店に買い出しに行った。フィットニアの小鉢。フレボディウムの中鉢。シンゴニウムの中鉢。フィロデンドロンの小鉢と吊り鉢。窓縁の日当たりのいいところに置こうと思って、アエオニウムを数鉢、花のあるのも欲しいと思って、ゼラニウム、オキザリス、ラナンキュラス。たまさかの狩りで血に酔ったように。乱獲状態でカートに放りこんでいるうちに目に止まったのが、日本円にしたら三千円ちょっとで、大きい陶鉢に入った大株の木。

何の木だかわからなかったが、木の大きさと陶鉢と、それにしては安いのに目が眩んだ。思わずカートに乗せて支払いを済ませ、さて車に乗せる段になってみたら、乗ってきた車が小さくて入らない。それで末っ子トメに電話して大きい方の車を持ってこさせ、手伝わせて運んだのである。運びながら小娘が私を諭した、衝動買いはしちゃいけないっておかあさんはいつも言ってるよね、と。

家に帰って調べてみた。大きい、見慣れない植物であった。パキラに似てるけど違うなあと思いつつ、同じパンヤ科（ＡＰＧ分類ではアオイ科）の植物をシラミつぶしに調べてみた。すると、バオバブじゃないかという気がしきりにした。

双葉に毛の生えたような、バオバブの幼い株の画像を見たら、うちのこの、大きい、見慣れない木に瓜二つ。さらに調べていくと、アフリカの草原にバオバブの成木がどーんと立ちつくしている画像があった。バオバブの木が星を食いつくしている「星の王子様」の絵もあった。背が高いだけじゃなく、幅の広い、体積のある、ものすごくある、怖ろしげな顔の、重たそうな木なのである。

どうすんだ、こんなもの、うち草原ないし……と、画像をみつめながらぞうっとした。ぞうっとしながらも、心の中に、そして家の中にも、一陣の風が吹き抜けたのを感じた。でも鉢の中のこれは幼木で、切ないことに、たぶんあそこまで大きくなる前に枯れるのだ。園芸植物の宿命である。つまり買ったときがいちばんきれいで、後はどんどんみすぼらしくなる。衰弱してやがて枯れる。なるべく長く保たせてやろうと決意して、とりあえずいちばん陽当たりのいい場所に移動したのである。

ところが、よくよく見ていると、どうも違う。「バオバブ」というより、シェフレラに似ている。ヤツデに似ている。ブラッサイアにも似ている。それならウコギ科だ。ヤツデはともかく、ブラッサイアだって原産地では巨木になる。でも、なんだかそれじゃおもしろくない。気持ち的に、遠くに行かれない。風が吹き抜けない。

アフリカの草原を睥睨することも、星を食いつくすことも、「バオバブ」ならできるのに、ヤツデやシェフレラのウコギ科じゃできないような気がするのである。

昔、こんなことがあった。熊本のペットショップでワラビーを売っていて、私は買いたくてたまらなかった。秋田犬くらいの大きさで、五十万ちょっとだった。ちょうど車（軽）を買うつもりで、そのくらいのあてはあった。中年危機の、窒息しかけていた家の中に、ぴょんぴょん跳ねるワラビーが風の吹きわたるオーストラリアの平原を出現させてくれるのだ、どんなにすがすがしいだろうかと考えた。車を買わずにワラビーを買うかとしばらく逡巡していたが、「おかあさんはきっと後悔するから買わないほうがいい」と娘に（その頃の娘というのは長女のカノコで、まだ十歳くらいだった）真顔で諭されて、目が覚めた。

夢は夢のままだ。あの木の正体はまだ摑めない。でも娘たちも私も、「バオバブ」と呼んでいる。「バオバブ」は、水をよく飲む。

植物はほんとに正体がつかみにくい。路傍で見つけた草ひとつ、姿を見きわめて名前を知るのが容易じゃない。動物は違う。犬は犬だし、猫は猫、すぐわかるのに。

その上、この頃の植物は科名も変わる。たとえばこの「バオバブ」は、昔の分類ではパンヤ科と呼ばれていたのに、新しいAPG分類ではアオイ科だ。パンヤ科なんてたいして身近じゃないからまだいいけど、身近で親しいユリ科にとっては大問題だ。

もともとユリ科は、えっこれがほんとに同じ科？　と思えるほど、ごたまぜの大所帯だった。身近なところで言えば、コオニユリも、スズランも、チューリップも、アロエも、リュウノヒゲも、ネギも、オリヅルランも、みんなユリ科だった。ところがAPG分類で、ユリ科はこっぱみじんに瓦解して、リュウゼツラン科とかキジカクシ科とかアガパンサス科とかクサスギカズラ科とか、聞き慣れない科たちに独立してしまった。蜘蛛の子を散らすようにというか、どんぐりの背比べというか。あまりの事態に、他人事ながらおろおろしている。

昔から植物好きの子どもだったのだ、私は。植物図鑑を手に持って、いつも下を向いて、草を目で追いかけ、あれはなに、これはなに、と見つけ歩いてるうちにおとなになった。植物名や科名は竹馬の友だ。そしてユリ科の瓦解は、友人の家が破産して離散したり、友人本人が病にたおれたりしたときのように、おろおろしながらも、ただ、見守るしかないのである。

などと室内でいろんなことを考えているうちに、はっと気がつくと、カリフォルニアの外界は春らんまんで、隣の公園には山ライラックが満開。人んちの庭にもモモやスモモやプラムやサクラが満開。路傍はアカシアでまっ黄色。うちの前庭のニオイゼラニウムの繁みも、いつのまにか隙間なく繁り、汗をかきそうなほど密になり、緑に染まりぬいているが、その中にピンクのつぼみが一つ二つ、日に日に太ってきて、今にも開こうとしている。

ユークリプタは歩いてきた

二年前、うちの近所のコットンウッドクリーク公園の裏で、じつにかわいい葉っぱの繁みをみつけ、移植をたくらんだ。それは海のそばに作られた公園で、小川が流れていて、その流れに沿って、コットンウッドと呼ばれるネコヤナギみたいな灌木の群生がある。春先になると、綿のような銀色の花を風に散らす。海のすぐそばだから、その花穂も、小川の流れも、しょっぱいんじゃないかと思う。

公園の敷地内はきれいに整備されていて、広い芝生や、めくるめく遊具や、子どもが遊具から落ちたり転んだりしても傷つかないようにできている柔らかい遊び場や、園芸植物の咲きみだれる花壇や、水飲み場や、ピクニックのベンチや、まあそういうのが心を尽くされて備わっていて、子ども連れには最高の公園なんであるが、小川の流れていく裏手に回ると、だれも来ない土の道、両側を覆うのはごうごうと生えるコットンウッドたち（本名はわからない。ヤナギの仲間だと思う）。ガマも生え、キク科もイネ科もユリ科もアカバナ科もゴマノハグサ科も、あれこれと生えて伸び、全体を野生のウリの蔓が覆い、そしてずっと昔に植えられたユーカリの林も大木に育ちきったあげくにすっかり野生化して、花弁や固い実を散らしている。まあ、そういうところだ。

その葉っぱは、ユーカリの大木の陰になり、適度に湿った、でも朝陽はあたる場所に生えていた。一見シダのように繊細で、カミツレや幼いヨモギ葉のように繊細でもあった。緑はなま明るく、ういういしかった。幼いもの特有のかわいらしさではあったが、成長してもきっとこのかわいらしさは残っているだろうと思われた。

つれて帰ってうちの庭に蔓延させたくなり、爪の先でほじくってみたら、浅い根は容易に掘りとれた。いつも携帯している犬のうんこ用のビニール袋で（つまりそのときもまた、犬の散歩中であったのだ）保護しながらつれ帰り、前庭のコショウの木の陰にそっと植えてみたのである。でもだめだった。たちまち消えてなくなった。

ここまではよくある話だ。そのあとも何回かそこへ行った。その草は、あるときもあればないときもあった。季節によって変化してるようだと思ったが、はっきりしない。なにしろ主目的が犬の散歩なので、植物を見ながら歩いていても、家に帰れば忘れてしまった。そして時が過ぎていった。

どのくらいの時が過ぎたか、はっと気がついたのだ。気がついたというのは、その辺りに他のものも目立つようになってきたということで、たとえば壁際で蔓も葉もすっかり枯れて茶色くとぐろを巻いていたのに、春になったらとつぜん立ち上がって花を咲かせはじめたハゴロモジャスミンや、ゴーファー（ホリネズミ）の狂歯を生きのびて葉をさし出してきたユリ科やヒガンバナ科、緑のつぼみをいっぱいつけて、重たげに頭を持ち上げはじめたニオイゼラニウム、そういうものが目立ってきた春であった。

ある日気がついたら、前庭の半日陰いっぱいに、あの消えて無くなったはずの葉がひろがっているではないか。信じがたかった。あれよあれよと見つめている間に花まで咲いた。かわいらしい、白い小花だった。繁りの上にぽつぽつと咲いた。メガネをかけねば見落としてしまう小ささで、五弁の花びらがカップ型になっていた。

一年かけて根づいたのかと思うと不思議である。土の上は枯れ果てても、土の中に残った根がゆっくりと育ち、時期が来て、地上に噴き出してきたのだと思う。しかしそれよりも、まるであの公園から、ゆっくりゆっくり歩いてきたかのような印象を持った。

草が歩いてきた。

そう言い出したのは、末っ子のトメである。そんなおとぎ話を信じる年頃じゃないのだが、ある日ふと言いはじめ、そりゃおもしろいと、聞きながら笑っているうちに、トメも私も真顔になった。ほんとにそんなことが起こったような気がしてきた。

ある日、公園の裏を一人のおばさんが通りかかり、自分たちに目をとめて、かわいい、かわいいとほめてくれた。仲間を一株二株掘り取って、つれて行きさえした。つれて行かれた仲間は枯れて消えた。植物の世界にはままあることだ。動物の世界の死ではない。たんにここからあそこに、あそこからべつのどこかに、存在がスライドしただけである。でも、おばさんはわれわれによくしてくれた。それで、草といえども恩返しをしなくてはならぬ。

あるときいくつかの株で申し合わせ、夜半そうっと公園を抜け出して、おばさんの家まで歩き始めた。道は、車の通りの激しい大きな道である。昼間は強い日差しに照りつけられて、何もかもが干上がる。途中で倒れて干からびたのもある。乾いても萎れても次の一歩を踏み出していったのもある。ひたすら歩いた。草は歩かないことになっているから、人が通るとぱっと伏せて生えてるふりをして、人が行きすぎたらまた歩き出した。そんな風に歩いたから、公園からうちまでは車なら五分だが、小さい草の足で一年かかった……と、トメが草の経験を、親身になって解説した。

それで次は私の出番である。慕って来てくれたからには、ちゃんと世話をしたい。そのために名前を知る。何よりもまず、科名を推し当てる。それで性格がわかる。日陰がいいか日向がいいか、水やりはどんなのが好みか。

ところがわからない。シダでもない。キク科でもない。花を見ると、かわいくて清楚だが、かわいくて清楚な花ならごまんとある。マメ科やシソ科やサトイモ科の花なら、素人にも容易に見分けがつくんだが、残念ながらマメ科でもシソ科でもサトイモ科でもない。ゴマノハグサ科でもサクラソウ科でもアカバナ科でもない。ユリ科でもキキョウ科でもない。こうなったら片っ端から調べてやれと、ネットの中で絨毯爆撃みたいなことをしていたら、はたと出会った。似たような花に。たたずまいに。ムラサキ科であった。

それで、みつかった。ムラサキ科のユークリプタ・クリサンセミフォリア。案の定、ラテン名の命名者もキクに似ていると思ったようだ。フルネームを訳せば、キクバ・ユークリプタという感じか（クリサンセマムがキクで、フォリアが葉である）。この辺の自生種で海辺から山地までひろがる。折りとってきた葉をコップの水にさして置いておいた。別のコップで水を飲んでいたので、まちがってユークリプタの入ってるほうを飲みかけた。そしたら芳香があった。微かな、レモンのような。かわいいだけでなく芳香もあるかと私は心を揺さぶられたのである。

ユークリプタ（Eucrypta）という名前は、ユーカリ（Eucalyptus）になんとなく似ている。語頭のeuはともに「よく」だそうだ。しかしユークリプタのcryptaは「隠れる」だそうだ。ユーカリプタス（ユーカリ）のcalyptusは「覆う、覆われた」だそうだ。……いや、わかって説明しているわけじゃない。たんに調べたことを吐き出しているだけだ。とても心許ない。私はもともとLとRの区別がつかないから、この場合、意味が同じなのか違ってくるかも判然としない。そもそも何語かもわからない。euはギリシャ語源らしいが、ギリシャ語の文字が読めないから、自分で調べることができない。ユークリプタの英名はハイドシード、訳してみればタネカクシ。しかし隠したタネは一度も見たことがないのである。

ああ、調べても調べてもわからないことだらけで、言葉の闇に溺れるかと思った。植物の持つ闇にも溺れかけた。雑草を調べるのはいつだって命がけだ。

数年前に、リンドウ科のゼルトネラ・ヴェヌスタを探しあてたときにも、同じような思いをした。英名はカリフォルニア・セントーリ。毎年、晩春に、他の花たちからずっと遅れて最後に咲くのである。くっきりしたピンク色のぱっちりした五弁の花びら、黄色いおしべたち。それが一斉に咲く。

咲き終われば荒れ地の春も終わる。これがセンブリの仲間だということをつきとめるまでに、いったい何年かかったろう。

セントーリという名は、ケンタウロスから来ているそうだ。ケンタウロスのキロンは薬草に詳しかった。つまり近縁種は、どれも薬草として使われている。このピンクのセンブリも、下痢や腹痛に使えるかもしれないが、試してない。

ゼルトネラ・ヴェヌスタの意味は「優美なゼルトネラ」、でも肝心のゼルトネラが、語源辞典でどんなに調べてもわからなかった。途方に暮れていたら、この植物の研究に力を尽くした二人の植物学者のヨーロッパ系の名前を合体させて作ったというのを探しあてた。語源辞典じゃわからないわけだった。

名前がわからない。科名もわからない。そもそも前項で話したように、こないだまでそれと信じていた科名が聞いたこともないような科名にすり変わっている。大へんな思いをして名前と科名をつきとめても、見た目の微妙な違いによって名前が刻々変化する。その上、個の感覚も持ち合わせない。一本二本と数えられるものよりも、集合体で「藪」とか「繁み」としか呼べないものが多すぎる。植物の生きざまを、その存在を、知りたいと思えば思うほど、それはあいまいになっていく。

人間の存在は一つしかないと思っていた。国を越えて引っ越ししてきたときにも、私はそう信じていた。日本で「いとうひろみ」なら、アメリカでも「いとうひろみ」、百歩ゆずっても「ひろみいとう」。でももしかしたら統一しなくていいのかもしれないと、最近は考えている。日本のいとうとアメリカのいとうは、別人でいいのかもしれない。

植物の、名前も性格もわからない存在が不安なら、動物たちは？　動物たちとは何もかもわかったつもりでいっしょに暮らしてきたが、ほんとにそうか。夫なんて、セックスをしたら子ができたっていう一点しかわからなかった。子は、育ったら離れていって別の人生を送る、というこの一点だけである。あとは、相手の感じることも考えることも、実はわからない。子犬のときから手の中で育ててべったりと依存され、何もかもわかったつもりの犬だって、痛み苦しみは共有できなかった。共有できないまま、老いて死んでいなくなった。

草にうもれてねたのです

タンブルウィードという植物がある。西部劇で、よく背景を転がっていく。銃を構えてにらみ合う男たちの後ろや走り去る駅馬車の前を。牧場の柵にひっかかりながら。埃っぽい荒れ地を、荒れ地の中の一本道を、あてどもなく。

人が立ってるみたいにぽつんとある。下に影がさす。影がさして、よけいにそこに在ることの寂しさがつのる。

四月の半ば、私は州間高速道五号線を七時間かけて北上した。七時間かけて南下して帰った。いたるところでタンブルウィードを見た。大小さまざまなタンブルウィードが、あちこちにひっかかっていた。

草というよりは芥《ごみ》だった。上げ潮の芥だった。枯れ枝を掃き寄せて固めたような。命なんかなんにも残ってないような。命も含めて生命体に大切なものはどこかに置いてきてしまったような。

荒涼と、殺伐と、していた。凄まじかった。こんなものが、家庭的であるべき、うちの近所、徒歩で行ける公園や住宅地モールなんかに転がってないのも当然だ。それはいつも路上を転がっていた。車に潰され、こなごなになって空に散っていた。道路脇の柵にひっかかり、木々の根元に吹きだまっていた。乾草の山の上を転がり、緑の畑の上を転がっていた。

植物ともいえない物体だ。なぜかというと生きてない、枯れてるからだ。しかしそこに植物の法は働いている。私が長年の観察の結果、発見した「『死ぬ』は『生きる』で『生きる』は『死なない』」という植物の法である。生きてないのに、動き回ってタネをまき散らす。まき散らすのは植物の意志だが、動かすのは風である。風に吹かれて、植物はただ転がっていく。

平原には風がびゅうびゅう吹きすさんだ。あちこちに土埃の柱が立った。ときどき大きな風が吹いて、砂を巻き上げた。砂埃以外は、何も見えなくなった。

路傍のイネ科は首をへし折られんばかりに揺さぶられている。その中を、心ここにあらずという風情で、タンブルウィードが転がっていくのである。

タンブルウィードの正体については、いろいろある。枯れて乾いて根元から離れて転がっていく植物は、何種類かあるそうだ。でもいちばん知れ渡っているのはこれだ。サルソラ・トラグス（またの名をカリ・トラグス）。

これはアメリカ原産ではない。ロシアからの輸入穀物に混じり込んでここに来た。一八七七年にサウスダコタで初めて報告された。ロシアの内陸の、平べったく、雨は少なく、イネ科の草に覆われて、馬の飼育とムギの栽培に適しているようなステップ地帯。そんなとこで、風に吹かれて転がっていた草が転がり転がり、タネをまき散らしながら、海を渡り、北米にやって来たところ、ここにも平原があった。平べったく、雨は少なく、セージの藪やイネ科の草に覆われているアメリカの平原が。

そこで出会ったのが、駅馬車、ガンマン、インディアン、賞金稼ぎ、無宿者、股旅、さすらい、根無し草、放浪者。

草が、そういう存在にだんだん近くなる。人の生と草の生が交差する。草の呼吸が聞こえてくる。歩きつかれ、草にうもれて寝た人たちの呼吸も聞こえてくる（「生活の柄」をうたう高田渡の声を、そして遠くにひびく山之口貘の声も、お借りしました）。

ホーボーと呼ばれた人々。二十世紀初めのアメリカに現れた浮浪者の群れだ。ヒッピーと呼ばれた人々。二十世紀後半には反抗しながら適当に生きていく人の群れがいた。まだ生き残っている。

もうわかるでしょう。タンブルウィードはただの草じゃない。こういうものたち、こうやってこの平原で風に吹かれて生きて死んでいった人たちのメタファであり、現実であり、存在であり、逃れられないめぐり合わせであり、生きざまと死にざまなのである。

サルソラ・トラグスの英名を直訳すればロシアアザミ。漢名は転蓬。でもキク科のアザミやヨモギじゃさらさらない。アカザ科だ。おっと、またここで混乱が。今ここで知ったかぶってアカザ科と言った。数十年そう信じ込んできた。ところが新しいＡＰＧ分類で、アカザ科は消失し、ヒユ科になった。なんたることだ。

私は旧アカザ科とは親しかった。東京や熊本の路上でよく見るアカザもシロザも旧アカザ科だったし、ホーレンソウも旧アカザ科だった。ビーツもフダンソウもとんぶりもキヌアも旧アカザ科だった。オカヒジキも旧アカザ科で、しかもオカヒジキ属の学名がサルソラ。

つまり転がるものたちの生きざま死にざまはおいといて、アメリカの大平原にはロシア原産のオカヒジキが大量に野生化していて、若い芽はお浸しにして醤油をかければおいしくご飯のお菜になるのに、たまたまその地域のアメリカ人はベーコンやビスケットなどというものを食べる人たちだから（スタインベックの『怒りの葡萄』の第二十二章には、平原いっぱいに香りわたるような炒めベーコンと焼きたてビスケットの描写がある）そのことを知らない。

「タンブルウィードの若い芽は食べられる。牛や羊や馬は、ほかに食べるものがなければ若芽を食べる」と何かに書いてあった。タンブルウィードは食われずに育ち、育って太り、時期が来れば、根から離れて平原に転がり出していく。

さて、州間高速道五号線。ロサンジェルスの市街地を走り抜けて、山を越える。広大な平原になる。石油採掘場がある。果樹が植えられてある。牛や羊が放牧されてある。牛の巨大な集積場がある。その間をひたすらつっ走っていく。くり返される出口。給油所、モーテル、ファストフード。平原の中に高々と掲げられた目印。標識。

高速道路からの出口にも、給油所の柱にも、タンブルウィードがひっかかり、吹き溜まっていた。高速道路に戻る入口にも、タンブルウィードがひっかかり、吹き溜まっていた。交差する州道。郡道。細道。交差する道の向こうへ、タンブルウィードが転がっていった。アーモンド畑。モモ畑。

プラム畑。ブドウ畑。ブドウ棚の上を、タンブルウィードが転がっていった。モモ畑の木々の根元にも、タンブルウィードは吹き溜まっていた。

数年前に通ったとき、沿線のあちこちで、畑の木々が枯れているのを見た。無惨な光景だった。畑いちめんの木が立ち枯れていた。不景気も極まったか、病気が蔓延したかといろんな想像をしてみた。何週間も考えて思い当たった。資本主義だ。たぶん農場の方針で水を止めた。作物である木を入れ替えるために。入れ替えるためには、まず枯らそうと。木々が古くなって収穫高が落ちたか、もっと需要の高い作物に入れ替えたか。

その後しばらくして通ったとき、緑の木々の中に赤い花が咲いてるのを見た。通り過ぎて、はて、今の赤は何の色だったかと考えた。

桃の花の色でもなし。桜の花の色でもなし。赤といえば、私にとってはベゴニアだが、その赤でももちろんなし。フクシャの赤でもなし。バラの赤でも、ゼラニウムの赤でもなし。そもそもバラ科落葉高木の果樹に、そんな色の花はなし。で、思い出した。ザクロの赤だ。ザクロなら、日本の梅雨時、どこにでもあった。どこの塀を曲がっても、突き当たっても、そこにあって、雨のしと降る中で、あの赤の花が咲いていた。

カリフォルニアでは今、ザクロが人気である。健康に良い、と。たぶんモモやプラムよりも良い、と。健康食品には何にでもザクロ汁が入っている。モモやプラムよりも利益を上げられる。それで、従来のモモ畑やプラム畑の水を止め、木々を根絶やしにして、ザクロ畑を作り直していたのかもしれないと考えた。

ザクロやモモやプラムの畑を過ぎると、こんどはオレンジ畑、レモン畑、ミカン畑。五号線から五八〇号線に乗り換え、西に向かうと、丘また丘の上に、見渡すかぎりの白い風車の群れ。その下を車の群れが列になって西に向かって、車は目的地に着いた。そして数日間、ただ移動するだけの生活も、タンブルウィードのことも、忘れていたのである。

数日後、私はまた路上に出た。家に帰るためだ。ま東を向いてしばらく走り、それから南下した。朝の光は運転席側からさしこんできた。

朝の光の中で、丘の斜面の草波がうねった。斜面ごとうねった。うねって、草が輝いたり黒ずんだりした。上を雲が動いていくのか、その影がうつってるのかと思ったが、空には雲がなかった。ただ青かった。それで風のせいだとわかった。風が草を動かして、草が草を揺さぶって、互いに揺さぶられて、みんな一斉に同じ方向へ、草が這いのぼっていくのだとわかった。

集団で生活する哺乳動物や、虫の大群、魚の大群のように、草が群れになってせわしなく這いのぼっていった。魚のヒレやウロコがうねうねと動くように、草が風にひるがえって草波の色が変わる。ひとつひとつの穂に紫や白の色がついてるからだ。草波は色とりどりにうねりながら這いのぼっていった。牛や羊や馬の方が動きがなかった。動物たちは動かなかった。草たちはせわしなく這いのぼっていった。

目の前に大きなタンブルウイードが転がり出てきた。私は避けたが、後続のトラックは避けなかった。大きなタイヤにこなごなに砕かれて、風に散っていくのがミラーにうつった。みるみるうちに遠く小さくなった。

右も左も荒れ地だった。牛が一頭ゆっくり動いていった。はぐれ牛かと思ったら、離れたところに群れがいた。その群れは動かなかった。一頭だけがゆるゆると動いた。荒れ地には、灰緑色のセージの藪と、黒々と乾いたタンブルウイードしか生えてなかった。

山にかかったら雲が出てきた。斜面に繁みがあちこちに固まっていた。黄色く花咲く繁みがあった。繁みが上にひっぱられるように揺れた。斜面を雲の影が動いていった。斜面をす速く草波が這いのぼり、這いおりていった。

湯けむり、卯の花、南阿蘇

盛んにしゃべっていた女たちの最後の一人が、「じゃお先に」と言いながら出ていった。話しながら、こうしてお湯に浸かっている理由の腰の手術跡を見せてくれた女だった。「お大事に」と声をかけながら、湯の中に残ったのは友人と私である。ふやけてのぼせて、二人とも岩風呂の縁に坐って、どてえっと裸体を曝していた。南阿蘇のここの温泉は、よその澄ました温泉旅館とは違って、昔ながらの湯治場がついている。長逗留の湯治客は自炊しながら湯に浸かる。そんな雰囲気が硫黄の中にもただよっていると見えて、大阪から来た四人組も隣県から来た三姉妹も、すぐ打ち解けて、旅のことや傷や病のことを話した。

私の友人は作家である。彼女のホームページに間借りして、私はブログを書いている。他の同業者たちより親しいが、仕事でもないかぎりめったに会わない。女友達というよりは同僚か大家さんのような相手だったのに、脱衣場に立つや、すべてを脱ぎ捨て、おくめんもなく身を曝し、お湯に浸かってふやけてのぼせ、外気の中に這い出して、すっ裸で胡座をかいてしゃべりつづけた。陰毛が見えようが何が見えようがおかまいなしだ。

私たちの真上にはエゴノキが木全体を白い花だらけにして、下向きの花の重みにひっぱられ、枝が湯に浸からんばかりに垂れ下がっていた。向かいの山の山腹には階段状に枝の張り出した木が、枝の繁みの上に白い花を咲かせていた。

そしてそのとき、私はこんなことを友人から聞いた。

卯の花というのはウツギのことだと物の本には書いてあるけれども、昔の人は、この時期に群れ咲く白い小花をなんでも卯の花と呼んだそうだよ。エゴノキも、山腹のミズキも、路傍のウツギも、ノイバラも、イチゴ類も、白い小花が群れて咲くなら、なんでも卯の花、と。

何に書いてあったと聞くと、むかし人に聞いた話だから出典はないよ、と言う。でも納得した。納得どころかなつかしくさえあった。これを長い間聞きたかったのかもしれないと思って感動した。

卯の花という花については、長い間、正体がつかめずに来た。最初に調べたのは、「卯の花のにおう垣根に」という歌を習った小学校高学年のときだ。ウツギの別名と知ったが、東京の裏町の路地裏ではウツギを見かけなかったし、よし生えていても、誰も子どもに「あ、ウツギ」などと教えてくれやしなかった。ホトトギスも見たことがなかったし、忍び音は忍び寝と思い込んでいた。豆腐屋で買ってきたものを、母が卯の花と呼んだときには仰天した。高校のときも大学のときも、やっぱり何かで読んで気になって調べてみたが、そのたびにウツギのところでわけがわからなくなっていたのである。

さて、私たちはお湯から上がって服を着て、硫黄の匂いをぷんぷんさせながら、空港に向かって山道を走った。エゴノキの大木があった。白い花を咲かせて白い花を落としていた。路傍にはマムシグサの茎が立ちあがり、青黒い花を咲かせていた。さまざまな形のユキノシタ科が白い花を咲かせていた。バラ科が路傍で、あふれこぼれ、のたくって、白い花を咲かせていた。白かった。みんな白かった。白ウサギが群れているような卯の花なのであった。

その中で目についた花があった。低木で、下向きに垂れた花をびっしりとつけていた。花びらがふたつに分かれていて、こっち側が白く向こう側が臙脂色だった、ような気がした。車を停めて手に取って見たはずなのに、ような気がした、としか言い切れないのである。

霧が出てきた。目の前に何か飛び出した。猿だった。猿が一匹、道の上をとととと歩いて立ち止まり、ひらりと路傍の繁みの中に飛びこんだ。飛びこんで、繁みの中で枝を弾ませた。猿だった。この辺りにいるとは聞いていたけど、見ようとは期待もしていなかった。狸や狐とはまるっきり違った。道の上で立ち止まって、こっちの目の中をのぞきこんだ。まじまじとのぞきこまれた。

霧はずんずん深くなった。十メートル先も見えなくなった。カーブを曲がると、突然牛が現れ出た。突然目の前にハザードランプが点灯した。近づくうちに車道を塞いで大型バスが停まってるのが見えてきて、山登りの装備の人がバスの周囲でわらわらと動いていた。

急がなくていいから、ゆっくり、ゆっくりでいいから、と友人が助手席で何度もうめいた。

霧はさらに深くなった。五メートル先が霧中だった。走っても走っても空港には着かなかった。ナビは平然と計算をし直し、し直しては道を指し示し続けた。

山を越えて道が長い下りになった。ようやく霧が晴れた。もう白い小花の群れは見えなくなっていた。そのかわり、センダンが咲いていた。あちこちの林のてっぺんが、灰色か紫か判別し難いあいまいな色で靄がかって見えるけれども、あれはセンダンの小花の群れで、林に一歩入るとうっすらと薫りがみちているのだということを私は友人に話した。でも花は高いところにつくからなかなか見えないのだということも話した。

東京のどこそこにもセンダンはある、館山にもある、でも館山のは庭木だった、箱根のどこそこにも生えていたけど、それは庭木には見えなかったから、北限は箱根くらいかもしれないね、と友人は言った。

ウツギと呼ばれる花は数種の科にわたっている。ユキノシタ科が主だが、スイカズラ科もある、バラ科もある。この時期に、群れて咲く低木の白い小花ならば、それがウツギだ。

ユキノシタ科、つまり、アジサイとかウツギとかの属する科だと考えながら調べていくと、なんと、分類体系の変化で、これもユリ科と同じく瓦解の憂き目に遭っている。アジサイもウツギも、今はアジサイ科だ。諸行は、ほんとに無常極まりない。

どんなに調べても、白と臙脂のあの花は、ネットの中でどの写真にもあてはまらなかった。私は色と形に目をとめ、目をみはり、車を停めてそばに行って、手に取ってまじまじと見つめたはずなのに、今、思い返そうとしても細部が思い出せない。無念である。何もかもが霧の中のままだ。たぶんスイカズラ科、たぶんハコネウツギかニシキウツギか、そんなあたりをうろうろさ迷って悶えていたとき、ふと、熊本城の監物台樹木園に行くことを思いついた。あそこなら生えてるんじゃないか、知ってる人がいるんじゃないかと考えた。

監物台樹木園はお城の北端にある。お城のサクラとクスノキに囲まれた小規模な園は昔からそこにある。お城の南端の駐車場に車を停めて、二の丸の大広場を横切って樹木園に向かったのは、二の丸広場に点在する大クスたちを見たかったからだ。みんな黙々と繁っていた。この辺に大クスはいくらでもある。お城の西端には、樹齢が数百年から一千年という大クスが七本群れている。

受付で、南阿蘇の山道で二色のこんな花を見たんですが、と植物学者というよりはお役人風の人に陳情したところ、ああ、と思い当たるふうで、それはあれじゃないかな、これこれ、これかな、と植物図鑑を取り出して指し示して見せてくれ、なにさんなにさん、と外で働いていた人を呼ぶと、植物学者というよりは植木屋さんといった感じの人が梯子から降りて手を拭きながらやってきて、ああ、そりゃニシキウツギたい、と。

お役人の指さす図鑑の中にニシキウツギはあったけれども、あの臙脂色はそこになかった。私の見たあの色はどんな画像でも再現できないのだ。妥協するしかなかった。

監物台樹木園の脇からお城わきの急な坂をずっと下って、下って下って下り着いたあたりに私の家がある。真ん前をお堀に流れ込む坪井川が流れている。この辺は昔、下級武士の長屋がつらなっていたところだと、この間だれかに教えられた。いかにもじめじめとした、大雨のたびに水浸しになるような、長くて辛い夏には蚊がとめどなくわいて出てくるような、河原の空は広々としてるけれども、後は何もかも窮屈で人の目を気にしながら生きていかねばならぬというような、そんなところである。

大雨のたびに水が出るので、今から二十年くらい前に、県が一帯を掘り起こし、あちこちに水門を作り、土手を高く築いて湿地を囲い込んだ。大雨がつづいて川の水位が高くなると、水門をあけて水を土手の中に入れる。土手の内側が水没する。雨の中、あたり一帯に警戒警報のサイレンが低く鋭く鳴りわたり、おそろしく不気味である。水が引けば、土手の中は見渡すかぎりの湿地で、キク科やイネ科が茫々と繁る、昔も今も。

辺りが整ってすぐのことだ、湿地の中にセンダンが生えた。最初は小さなひょろひょろした木だった。どんどん伸びて繁り、花が咲いて実が生った。大木になって陰を作り、鷺や雉が来て止まった。二十年でそれだけ伸びた。

いったんセンダンを見知ると、あちこちのセンダンに気がついた。庭木というよりは自生の木々、五月は花ざかりだ。川のほとりの低地に立って、周囲の高台を見上げると、どの森もこんもりしている。どの森にもセンダンの花の靄がかかっている。

里にはこんなにあるのに、山の中では、センダンは見なかった。卯の花やあの紅白のウツギばかりが目についた。だからそのことばかり考えていた。山から降りてきたら、もうウツギよりセンダンに目が行ってしかたがない。

山で見たアレについては、検索をつづけるうちにツクシヤブウツギという名に出会った。九州の低山地に特有で下向きに花をつける、と見た通りのことが書いてある。ところがまた別のサイトには、ツクシヤブウツギとニシキウツギ、タニウツギとハコネウツギの区別はつけ難い、近い種なので自然雑種も多い、と。その辺で詮索はあきらめた。スイカズラ科の某ウツギでいいのである。それは卯の花じゃなかったが、群れて咲くウツギの一種だった、でいいのである。

クズさん

さわやかな常春のカリフォルニアを出て、成田、そして羽田と渡り歩いて熊本にたどり着いた。空港の空調の効いた建物を出ると、梅雨であった。最初の一日二日はからだが馴染まなくて、全身の毛穴に水滴がこびりついてるような心持ちがした。そんな感じのまま市内を、歩くというより泳いでまわった。木も草も、不可算の、そして無量の存在になっていた。お城の石垣の苔が、水滴と入り交じってゆるくなって、ゼリー状になって、石垣の隙間という隙間から滲み出していた。それと同じように、私の毛穴も水滴に耐えかね、ぜんぶ吸い取って、それから溢れてくる。しかし、そんな違和感もほんの一日二日で、私の皮膚がこの気候を思い出すや、湿気を思いっきり吸い込み始めるのである。

もう十何年も昔になるが、毎年夏に帰ってきては、子どもを自転車に乗せて、川の向こう側の保育園まで送り迎えする生活をしていたことがある。

昔、この辺はいちめんの湿地帯だった。湿地帯の周囲に土手を築き、その中を遊水池にして、治水のための水門を作ったのがもう二十年前だ。土手の上の道はがたがた道で、自転車は乗りにくかったが、交通量の多い下の道より、繁る草があり、流れる水があり、いろんな生き物もいて、楽しかった。

まず自転車を引いて、子どもは歩かせて、土手をのぼる。土手の上の道にたどり着くと、子どもを補助席にすわらせて、やおら漕ぎ出す。土手の上の道を伝ってぐるりと河原をめぐる。道の両脇からセイバンモロコシがしなだれかかる。クズが蔓を伸ばしてくる。

子どもは五歳か六歳だった。おりるおりるというから自転車を停めると、子どもはすばやく補助席から降りて、一本足になって両手を伸ばして顔の前でぴたりと合わせた。川の中で、青鷺が一羽、子どもとおんなじ格好で立っていた。

ヒマワリの前を通ると、子どもはしきりに目を見張って口をすぼめてみせた。ヒマワリはこんな表情をしているというのだ。ある日、ヒマワリたちが一斉に首を垂れて萎れていた。だから子どもも、首を垂れてうなだれてみせた。

おもしろかったのはクズである。向こうからしきりに蔓を伸ばして触ろうとした。河原の土手の上の細道を自転車で走るたびに、私たちはクズの蔓の先端を踏み潰さずにはいられなかった。踏み潰さずにはいられないところに蔓が這い出てきた。最初は避けていたけど、そのうち避けていられないことに気づいた。蔓を踏み潰されてもクズは平気なんだということにも気づいた。朝に踏み潰しても、夕方にはその倍くらいに伸びて、踏み潰された蔓の先は、もうだいぶ元のかたちに戻っていた。そして性懲りもなく、また蔓を伸ばしてきた。

自転車がクズの蔓を踏み潰すたびに、子どもは悲鳴をあげた。それから笑った。くすぐったそうに。それで私もいっしょに声をあげて、クズさん、ごめん、クズさん、ごめん、と言いながら、踏み潰していくようになった。

蔓の先端は子犬みたいに毛むくじゃらで、ゆらゆら揺れて、蔓なら這えばいいものを、立ち上がって近づいてくる。それがいかにも物欲しそうで、小さい子どもだから笑っていられるが、思春期より上の若い女を連れていようものなら、おもわず敬遠したくなるあつかましさ、好色さだ。

その頃、土手の上の道で、いやな事件があった。早朝自転車でこの道を走っていた若い女が強姦された。男は繁みに潜んで通りかかる女を狙っていた。私の家は河原の土手っぷちに建つ集合住宅だ。上階からは河原全体が見下ろせる。住人が何人か、細い、高い声を聞いたと言っていた。鳥の声だと思っていた、まさかあんなところでそんなことが起きるなんて、と。繁みはほとんどがセイバンモロコシとセイタカアワダチソウだった。道の際にセイバンモロコシが群れた。少し奥にセイタカアワダチソウが群れた。まだ若くて堅かった。下のほうにヨモギが古株になっていた。カナムグラやヤブガラシがからみあった。

事件のあと、うちの集合住宅から男たちがわらわらと出て、定期的にセイバンモロコシを刈り取りはじめた。市だか県だかのたまさかの草刈りを待っていられないというのだった。それで少なくとも、うちの前、女を襲った男が隠れ潜んでいた辺りは定期的に丸裸になり、男が隠れ潜むことはできなくなった。刈られたセイバンモロコシは、一週間もしないうちに伸びて元通りになった。

男は捕まった。でも私には、クズがやったと思えてしかたがなかった。クズの毛の生えた芽の先端がみるみるうちに伸びて道の上に這い出してきて、隙あらばこっちに触れてこようとしているのを毎朝見ていたのだ。朝、踏み潰された蔓が、踏み潰されてひしゃげたまま、夕方には立ち上がって、茎をぶらぶらさせながら女に近づくのも見ていたのだ。

植物というより蛇みたいだった。蛇というより海の中でゆらゆら揺れるあなごやうつぼみたいだった。女のところに夜這いにきた蛇や木に登っている女の膣にすべりこんだ蛇の話が古い本にある。あれはぜんぶクズの話だったんじゃないか。茎の先はにこ毛で隠しているが、毛の下には歯かペニスが隠れているように思われた。

などという私の観察は、さすがに子どもには話してない。子どもにとっての「クズさん」は、遊んでくれるおもしろい植物だった。それで蔓の先端を踏むたびに、クズさんごめんね、クズさん、と。高校生に成長した今、その日本語も心も身体ほど成熟してないので、子どもの頃遊んでもらったよそのおじさんに会うように、熊本に帰るとなつかしげにクズを見ている。クズさん、クズさん、と呼びかけんばかりにしている。

今、手元に『南九州里の植物』という本がある。二〇〇一年六月に発行されている。買ったのもその頃だ。それを抱えて太平洋を行ったり来たりした。カリフォルニアに持って帰って読んで、あの乾いて単調な気候風土の中で、南九州の息のつまるような照葉樹林や色とりどりの帰化植物を夢想した。熊本に帰るときにはもちろん必携だ。その本でクズを検索してみたら、なんと冒頭に載っている。どうしてこの特別扱いが、と思いながら開いてみて気がついた。秋の七草だった。その本はまず春秋の七草があり、それから路傍、田や湿地、海岸の砂地、低山地に区分されてあった。なるほどこの頃は、あの迷惑かぎりない繁茂力ばかりに気を取られ、忘れていたのだ。クズは身近で役に立つ植物だった。葉は牛馬を養い、蔓は籠に編まれ、縄に綯われ、布にもなった。根は薬になり、滋養のある澱粉になった。その上よく見れば花がきれいだ。

他を圧倒するこの生命力は、昔も今も変わらないだろうし、昔もクズは、木に這いのぼり覆い尽くし、また野原をのたくって、クズ以外は何も見えなくなるまで繁茂しつづけたと思う。

ふと思い立って、クズの歌を『万葉集』から探してみた。今どきは、「万葉集、葛」で検索すれば簡単に、簡単すぎて張り合いがないくらい簡単に探し出せる。いっぱいみつかった。気に入ったのを二、三、適当な逐語訳もつけてみた。

「夏葛の絶えぬ使のよどめれば事しもあるごと思ひつるかも」。夏のクズみたいにしつこかったあなたの便りが来ないから、何かあったんじゃないかと心配でたまらないんですけど。

「ま葛はふ夏野の繁くかく恋ひばまこと我が命常ならめやも」。クズののたくる夏野みたいに思いつめていたんじゃ、ちょっとマジであたしの命、もたないかもね。

「赤駒のい行きはばかる真葛原何の伝て言直にしよけむ」。赤馬も進めないクズだらけの野じゃあるまいし。なにさ人づてに言ってくるなんて。会って直接言いなさいよ。

『万葉集』にあるんだからと思って、今度は『古事記』を探したが、みつからなかった。蔓草ならいっぱい出てくるのだ。たとえば、イザナギが黄泉から逃げ帰るとき、追っ手に投げつけるのがクロミカズラ、それから生え出るのがエビカズラ。カズラというから葛かなと思うが、これが違う。これがクズなら、たちまち汗をかくほど繁る真葛原になって追っ手をはばみ、追っ手はい行きはばかるはず。

しかし『古今集』になると、あっと驚くほどクズは弱々しくなり、「秋に色が変わる」「風に吹かれて（恨みをこめて）裏を見せる」の二つのイメージしか持たなくなってくる。汗をかくほど密生したクズは跡形もない。たとえば、

「ちはやぶる神のい垣にはふ葛も秋にはあへずうつろひにけり」

「秋風の吹きうらかへすくずの葉のうらみても猶うらめしきかな」

そしてそれは『源氏物語』でも同じことだ。たとえば、若菜の「神の斎垣にはふ葛も色変はりて」や、夕霧の「山風に堪へぬ木々の梢も峰の葛葉も」、または総角の「見し人もなき山里の岩垣に心長くも這へる葛かな」も、『古今集』以来の常套句だし、葛の字は使っていても、別の植物という可能性もある。なぜなら次の夕顔の一節を見よ。

「切懸だつ物にいと青やかなる葛の心地よげに這ひかかれるに、白き花ぞおのれひとり笑みの眉開けたる」

これはたんにユウガオの蔓を「葛」と呼んでるだけだ。クズの花は白くない。日頃その筆力を尊敬してやまない大先輩紫式部であるが、クズについては、先輩、ぜんぜん興味がなかったし、観察する気もなかったのである。

時代は下って近世初期の『説経節』。「信太妻」のヒロインの名が「葛の葉」だ。もともとは狐で、人間の女に変身して安倍保名という男の妻になり、子どもができて、それが安倍晴明。やがて身元がバレて泣く泣く森に帰るとき、こんな歌を残していった。

「恋しくばたづね来てみよ和泉なる信太の森のうらみ葛の葉」。恋しくなったらたずねて来てね。和泉というところの信太の森の、風に吹かれるたびにあなたのことを思い出している葛の葉ですよ。これもまた古今以来の風に吹かれて裏を見せるクズの葉だけど、クズの葉の生きざまと女の生きざまがぴたりとかさなって、せつない。私の身に覚えがあるのかもしれない。

狐女房の類話はあちこちにある。たいてい身元がバレて泣く泣く森に帰る。またおいでねと男に言われて、「きて」「ねていった」ので「来つ寝」というのだと、平安初期に成立の『日本霊異記』に書いてある。でもその中に、植物としてのクズは出てこない。

クズは、アメリカでは、侵略的外来植物として手がつけられなくなっている。最初は花壇の装飾用に、それから飼料用として、輸入されたそうだ。アメリカの南東部はもうクズだらけだと見てきた人たちは言うが、カリフォルニアではまだ一度も見てない。気候が乾きすぎているからか、日系移民が多いので、クズを植えるなどという暴挙に及ばないためか。

さて、雨が切れた。クズを見ようと思って土手にのぼった。もう、子どもも父も、ここにはいない。この土手の上の道を伝って、保育園に通うことも父の家に通うこともない。土手の上の道はさっきまで降っていた雨がたまり、ぬかるんでいた。私は泥にはまり、泥にすべった。道の端っこの草の上を歩かなければならなかった。

もちろん、河原いちめんにクズはのたくっている。でもまだ生長を始めたばかりだ。その精力も性欲も、まだ頂点に達してない。そのうちにまた降り出した。この曇り空、低く垂れ込めて、水滴をなんとか抑えて持っておこうとしているが、どうしても指の間から漏れてこぼれてしまうのだといった風情である。植物たちは今、全身で、その湿り気を吸い込んでいる。そしてこんどは自分の身の中にためて、爆発していこうとしている。

アレクサ・カワランシス

考えたら、今まででだって植物のことをさんざん書いてきたのだ。詩を書きはじめた頃から、オオアレチノギク、セイタカアワダチソウといった、帰化植物の名前をいつも連呼していたのだ。それが私の詩の根本にあった。

　帰化植物だらけだった。私の育った東京北郊の裏町の路傍にも、あちこちにあった空き地にも、荒川の河原にも、生えていた。河原は子どもの足では遠すぎて、たどりつくだけで疲れ果てた。毎日遊びに行けるところじゃなかった。川は大きくて、轟音のする鉄橋が架かっていた。向こう岸に渡ることなんて考えもしなかった。河原には人間用の火葬場もあれば、動物のもあった。胞衣処理場もあった。子ども心にも、境界だ、境界にいるのだと思った。

　オオアレチノギクもセイタカアワダチソウもそのあたりに濛々と繁っていた。その繁りの中に足を踏み込めば、たまらなくぬかるんでいて、ゴミが棄てられていたり、油が溜まっていたり、動物の死骸があったりした。そこで死んだのか死んだからそこに棄てられたのか、子どもには見分けがつかなかった。ただ、ただ、境界のさらに向こう側へ連れて行かれるような気がして怖かった。そして私もほかの子どもたちも、やすやすと繁りに足を踏み入れ、泥だらけになり、油まみれになった。死骸を踏みつけては、声をかぎりにわめき叫んだ。

えんがちょという遊びがある。当時、私たちはそれが大好きだった。いや、ほんとは好きじゃなかった。大嫌いだったのだが、しないではいられなかった。穢れがあればそれを忌む。そういう単純な遊びだ。そして、私たちは、河原に足を踏み入れるやいなや、えんがちょをしつづけた。しつづけないではいられなかった。

そこは境界だった。境界は穢れきっていた。そこに繁りわたる帰化植物は、みずから境界を越えてやってきて、そこに定住してしまったものたちだった。

私にとって成長とは、苦しみにのたうちまわるような経験だった。でもとにかく成長しておとなになった。そして熊本に移住して、坪井川の河原を歩きまわるようになった。そこに私は見知らない草を見つけた。紫色の小花の咲き群れる、背の高い草だった。いちめんに生えて、いちめんに咲いた。よく見れば小花は美しかった。でも全体の印象は、美しいというより殺伐としていた。

それで植物図鑑をひっぱり出してきて調べてみた。十代の終わりに買ったおとな用の図鑑である。その頃それを使って、さんざん帰化植物について調べた。多くがキク科だった。河原で濛々と繁っていた。名前を一つ一つ見つけ出した。その図鑑だった。

そこに、その草は載っていなかった。他の本を何冊も見てみたが、見つからなかった。ハマクマツヅラというのに近いと思った。ヤナギハナガサというのにも近いと思った。でもどれとも微妙に違った。長いことわからないままだったのである。そしたらある日、日本語の話せない、アメリカ生まれの、何十年も日本に住んでいる友人が教えてくれた。あれは「アレチハナガサ」だ、と。よりにもよって、そんな帰化植物みたいな人間に帰化植物について教わるとは、へ、あたしもヤキがまわったもんだとつぶやきつつ、その頃はすでにネットがあった。たどりつくことができた。

アレチハナガサは新しい帰化植物だった。クマツヅラ科で、一九五七年ごろに大牟田で最初に確認されているそうだ。そして九州一円に、それから西日本全体に、広がっていったそうだ。それでわかった。私の育った頃の東京近辺では見られないものだった。七十年代に出版された植物図鑑には載ってないものだったのだ。そして、その間にも、熊本の河原にはこんなに広がりつづけていたのである。

帰化植物のことを考えつめるあまりに、自分がヒトなのか植物なのかわかんなくなった瞬間があった。『河原荒草』という長編詩を書いていたときだ。自分の詩の話をするなんて無粋だと思いつつ、植物の話をしてるからには、どうしても話したい。

それは長編詩で、二〇〇四年の夏ごろから詩として書きはじめて、二〇〇五年の終わりに仕上げた。でもその前に何年間も下書きを書き散らしていたのである。説経節を、つまり語りを、あるいは叙事詩を、現代詩に取り込みたいと考えていた。だからそこにはストーリーがある。

母がいて、二人の子どもがいる。姉はナツクサで弟はヅシオだ。もちろん、弟の方は『山椒大夫』の厨子王から名前を取っている。二人は母に連れられてあちこち移動していたが、あるとき（南カリフォルニアのような殺伐とした）荒れ地に定住する。そこで父ができ、妹もできる。やがて父が死んで死骸になる。もちろん、この辺の描写は『小栗判官』に近づけた。それから家族は（熊本のような濛々たる）河原に帰る。帰化植物の繁茂する河原で、ナックサの傍らにもう一つの人格ともいうべきアレクサが現れる。そこで紆余曲折があり、アレクサは消え、ナックサは『しんとく丸』の乙姫みたいに、弟たちを連れて、河原から荒れ地に帰る。死んだはずの父が生き返り、数千歳のセコイアみたいに大きくなって待っている。

こういう話なんだけれども、人間たちはただの狂言回しで、ほんとの主人公たちは植物、とくに日本の河原の帰化植物なのだ。

この詩を書く間、私は毎夏河原に向かい、セイバンモロコシやオオアレチノギクやセイタカアワダチソウが、風に吹かれて倒れて起きあがるのを見てきた。それについてずっと考えていた。どう表現すれば、かれらの動きや彼らの生を、ありのまま、見たまま表現できるか。

セイバンモロコシがたおれて、起きあがった
セイタカアワダチソウは、まだ若くて、茎も葉もみどりで、
風に押されて、てめえむこういけよって、つぎの茎を押して、
押された茎も、てめえむこういけよって、つぎの茎を押して、

つぎの茎もつぎの茎もつぎの茎も、てめえむこういけよ、
てめえむこういけよ、
むこういけよ、セイタカアワダチソウが押されて、てめえむこういけよ、
押されて、てめえこそむこういけよ、
てめえむこういけよ、
クズのつるがのたくって、土手の、
上に出て、毛だらけの先を、ぴっとのばして、待ちわびた、来るのを、

この一節を書くのに、数年かかった。夏の間じゅうずっと草むらを見つめていて、草がゆらゆら動くのとぎらぎら光るのとで、目がおかしくなるかと思った。六十年代にオプ・アートというのがあった、ブリジット・ライリーなんてアーティストがいたのだが、ああいうものを見つめている感じだった。いろんなふうに書いてみた。どれもしっくりこなくて、次の年の同じ時期にまた見つめた。でも書けなくてまた次の年に、ということをくり返した。毎年毎年、セイタカアワダチソウが風に揺さぶられるところを見つめた。数年めにやっと書けた。見たとおりに書けた。ブリジット・ライリーの絵よりはずっと感情が、悪意みたいなものが全面に出た。なんでこうなったのかわからない。感情的なものは排したいとすら思っていたのに。

『河原荒草』の英訳は、ジェフリー・アングルスによる。それが、こないだ仕上がってきた。彼の翻訳については、これ以上ないくらい信頼している。その訳し方はまるで憑依で、おそろしいほどだ。私の知らない単語はほとんど使われていない。私の口から出たといってもおかしくないようなことばばかりで、詩は構成される。でも英語はやはり、私のしゃべっているような、日本語を基本にした英語ではない。もっとずっとなめらかな表現である。

私は、英語で暮らし始めてもう二十年になる。読み書きはいまだに不自由だが、声にすれば、たいていのことはわかるし、こみ入ったことも言える。言えるけれども、なまりがすごい。三十メートル先からでも、私がしゃべるのを一言聞けば、日本人だとわかるくらいだ。日本語では、読み書きも声高にものを言うのもささやくのも自由自在なわけだから、もどかしさには限りがない。でも、それで暮らしている。

詩の中で「私」と言う主観は、ナツクサだ。むかし私が『河原荒草』を書いたとき、彼女は日本語を使っていた。それが今、英訳を通して、彼女が英語で、自分の感情を語り、経験を語る。でも私の英語によく似ている。聞いていると、共感しすぎて胸がつまる。ときどき、そうだったのかと、これが言いたかったのかと、思い当たるところがいくつもある。夢みたいだ。無意識の底のほうで治癒していくような、そんな快さも感じるのである。

英語の表現の一つ一つが、おまえはこんな経験をした、こんな経験もした、それを英語ではこう表現するのだ、ほんとはこう表現したかったのだろう？　と私の目をのぞきこんで確認してくる。

日本語は絶対という、信心にも似た気持ちが私にはある。だからそんなことは認めたくはない。でも、声に出して読みつづけるうちに、ほんとは日本語じゃないことばで、書きたかったのかもしれない、と感じはじめているのである。

英訳の英語を声に出して読んでいくと、それこそ自分のほんとうの声で、私は初めからずっとそう語ってきたという錯覚にとらわれる。つまり『河原荒草』はたんなる日本語訳で、オリジナルは英語だったという気がしてならないのである。

帰化植物の名を連呼する箇所がある。こんなふうに。

ヒメ、ムカシ、ヨモギ、オオ、アレチ、ノギク、ヤブ、カラシ、カナ、ムグラ、セイバン、モロコシ、カヤツリ、ギシ、ギシ、イボ、クサ、ヨウシュヤ、マゴ、ボウ、ガマ、ヨシ、オギ、ノノ、ヒメ、ガマ、ノ、ヨシ、ノノ、オギ、ノ、

元にしたのは、ヒメムカシヨモギ。オオアレチノギク。ヤブカラシ。カナムグラ。セイバンモロコシ。カヤツリグサ。ギシギシ。イボクサ。ヨウシュヤマゴボウ。ガマ。ヨシ。オギ。ヒメガマ。連呼しながら分解して壊していった。そして野という音を入れて囃したてた。

英訳では、植物の名はラテン語の名になった。英語の名には、人の生活と感情が入っている。ホースウィード（馬の草。ヒメムカシヨモギの英名）とかジョンソングラス（ジョンソンさんの草。

セイバンモロコシの英名）とか。知らない人々の生活と感情なので共有できない。

オオ＋アレチ＋ノ＋ギクやヒメ＋ムカシ＋ヨモギみたいに因数分解する。素因数ごとに組み合わせて名をつくる。生活から切り離す。感情をうち捨てる。これが私の好んだ名だ。それに則っていながら、ふと生活や感情が入り交じると、そこに、ことばの意味が、ぱっと強い輝きを放つ。アレチノギクの荒れ地やセイタカアワダチソウの背高みたいに。ノボロギクの襤褸みたいに。

カワラアレクサは、もちろん架空の名である。キク科のヒメムカシヨモギやオオアレチノギクや、クマツヅラ科のアレチハナガサあたりに、ヒト科の女の子の名をしのばせたかった。で、ずっと考えているのだ、カワラアレクサにラテン名をつけてやらなきゃなあと。

ラテン語で「なんとか・こうとか」というとき、「なんとか」に属名がくる。「こうとか」にそれを当該の植物に限定する形容詞がつく。それで Alexa kawaransis とか。いやLとRを区別できない日本人が呼ぶんだから Areksa kawaransis か。

アジサイの Hydrangea otaksa みたいに、シーボルトが日本に残した「お瀧さん」の名を潜ませて命名したという、あの「オタクサ」みたいな響きで。

信仰の告白　旧スギ科のみなさんに

夏の盛りに、熊本から車で阿蘇の南端を横切って、宮崎の高千穂に行った。スギを見たいと思った。高千穂はスギだらけだった。いや、正確に言うなら、スギと神社だらけだった。いや、もっと正確に言うなら、スギと神社と峡谷だらけだった。そして、高千穂の町はずれにある天岩戸神社が、スギと神社と峡谷をぜんぶ備えているのであった。

天岩戸神社には、峡谷をはさんで西の社と東の社がある。西の社で遙拝というのに申し込むと、禰宜さんが閉じた扉を開けて奥に連れていってくれる。奥の木立の中に遙拝所があって、峡谷が見える。対岸が見える。あっち側もこっち側も息がつまるほど照りの濃い木々に覆われているのを見ながら、禰宜さんが言うには、この神社のご神体はアマテラス大御神がお隠れになった洞窟で、対岸のあのへんにあるが、ここ数百年誰も立ち入ってないからだいぶ崩れているようだ、と。

あのあたりに七本の古いスギが生えている、人の立ち入れる場所ではないのだが、木の上の方ならここから見える、と禰宜さんが指さす方を見ると、そこにもこもこと繁る木の頭が、森の上から突き出していた。

熊本のどこの山の斜面にも、スギ林がある。植えられたスギたちは、しゃーっしゃーっと、定規で線を引く音が聞こえてきそうなくらい、揃って並んで伸びている。

だいぶ昔の話になるが。熊本で梅雨明け前の豪雨があって、山が崩れた。スギ林が流され、スギの木々がひっかかって川を堰き止め、水が溢れた。直後に、現場に行って惨状を見た。阿蘇の町の被害が大きかった。いちめんが泥色で、川に無数のスギが浸かっていた。枝も取れ、皮もすっかり剝き取られ、みがきあげられたようになっていた。木というよりは材木で、まるで昔の「木場」みたいだった。これはみんな植林されたスギなんです、と案内してくれた人が言った。そのとき以来私は、これだけ植林されてきたんだから、スギは外来の木なんだろうと根拠もないのに思い込んでいたのである。

スギは日本の自生種だ。古事記にも出てくる。ヤマタノオロチはこんなふうに描写されてある。

日本語で最初のスギである。

「その目は赤かがちのごとくして、身一つに八頭・八尾あり。また、その身に、蘿と檜と椙と生ひ、その長は谿八谷・峡八峡に度りて、その腹を見れば、ことごと常に血に爛れてあり」

これは読み下し文で、漢文の原文には「亦其身生蘿及檜椙」と書いてある。蘿は「コケ」で、檜は「ヒノキ」で、椙は「スギ」だ。

記紀や万葉の昔にも、スギの花粉は飛んでいたのである。根が張らなくとも、木は育ち、大きく育ち、年を取り、何百年も生きつづけ、あちこちで斎きまつられていたのである。

ところがそこで気がついた。実は私はスギの正体がよくわからない。子どものころから、スギの名前は聞き慣れてきた。これこれスギの子とか、スギの戸をあけてゾケサとか、歌も歌ってきた。でもそこに木が生えていても、スギかヒノキか区別がつかない。その上花粉症も持ち合わせないから、花が咲いても気がつかない。どういうことだと調べてみたら、スギという名前自体がかなりいい加減なものだった。

出身高の校歌、さんざん歌ってまだ覚えているが、その出だしが「ヒマラヤスギに新芽萌えて」だった。大きなヒマラヤスギが校庭にあった。どこにでもあるサクラやイチョウなんかとは違って、常緑で針葉樹でどっしりしていて、クリスマスツリーみたいに洋風で、子ども心に（といっても高校生）かっこいいと思っていた。しかしヒマラヤスギの正体は、スギとは名ばかりで、実はマツ科である。ヒマラヤスギだけじゃなく、聖書によく出てくるレバノンスギも、看板に偽りあり、マツ科なのである。

スギの英名はジャパニーズ・シーダーだというのは、英語を習いたての十二、三の頃に辞書で調べて以来、頭の中にこびりついている。ところが今、シーダーの cedar をひくと、「マツ科ヒマラヤスギ属の植物」と出てくる。

『ヒマラヤ杉に降る雪』という映画がある。そうか、ヒマラヤの話かと思って見てみたら、違った。原題は「Snow Falling on Cedars」であり、ヒマラヤじゃなくて、アメリカの北西、ワシントン州の話だった。日系人たちがそこで苦労しながら生きていた。当然ながら、そこに自生するのはヒマラヤ杉じゃなくてレッド・シーダーだった（後述のレッドウッドとは違う）。これもまた、スギというよりヒノキ科のクロベ属の木である。映画は美しかった。木々がほんとに美しかった。まっすぐで、湿っていて、日本のスギ林のスギたちによく似ていた。スギは昔から人の生活に密着しスギていたから、スギじゃなくても、それっぽいものにはどんどん気前よく、スギ、スギ、と名づけスギていたんじゃないか。……スギだけに。

そもそもほんとのスギは、スギ科か、ヒノキ科である。

ここからしてあいまいなのは、九〇年代からさかんになってきた分子系統学のせいだ。被子植物のAPG分類もコレだった。DNAにはかなわない。私は、ユリ科がどんなに瓦解しても粛々とそれを受け入れたように、今回も、粛々と、スギ科はヒノキ科に編入されたという事実を受け入れようと思っている。でも、昔、スギ科が、平穏に、ただ単純にスギ科だったころ、そこに含まれたのは、日本のスギもふくめた何種類かのスギと、それからセコイアたちだった。

セコイア国立公園で、巨木に感動したことは何度も話した。レッドウッド国立公園を通り抜けて巨木に感動したことも話した。それはつい去年の話だった。

北アメリカ大陸というのは岩のすごいところで、グランドキャニオン、モニュメントバレー、ザイオンの渓谷やブライスキャニオン、地球規模の時間を生きてきた岩たちが、凄まじい色とスケールで迫ってくる。でも、たかだか数千年のセコイアの存在感は、それらを凌ぐ。

セコイア国立公園で、シャーマンという名の巨木の前に立ったとき、こんなふうに自分よりずっと大きくて、自分よりずっとすぐれている生命体に向かい合ったときの気持ちというのは、もしやこれは信仰とか信心とかいうものを持ったときの気持ちではないかと考えた。たとえどんな人に向かい合っても、どんな大きなゾウに向かい合っても、空腹のトラに向かい合って食われる瞬間においてさえも、あのような気持ちは持たないに違いない。

あのとき自分は五十歳にも満たなくて、ちっぽけで非力で微塵ですらあった。相手は巨大で二千数百歳で、しかもまだ生殖中で、周囲に若木を殖やしつづけていた。その生命力に呑み込まれるかと思ったが、トラとは違う。食われたり傷つけられたりして滅せられることはない。呑み込まれながらも、おまえはおまえのままでよいと受けとめられているような気がした。

悉有仏性ということばがある。山川草木、仏性があるやいなやという論議がさんざんされてきたそうだ。結論は知らない。しかし、グランドキャニオンやモニュメントバレーの谷や岩をどんなに感嘆しつつ眺めても、そんなことばは思い出さないが、セコイアの巨木は、見るたびに、仏性、ないわけないじゃないかと考えるのだ。

あれらは旧スギ科であった。旧スギ科に含まれたのは、ほんの数種の属たちで、その一つが、セコイア国立公園の、シャーマンやグラントなどという、昔の将軍の名のついた、木としての最大体積を誇る巨木たち。かれらを学名で呼べば、旧スギ科セコイアデンドロン属のセコイアデンドロン・ギガンテウムという。

それからレッドウッド国立公園の巨木たち、世界でいちばん高い木はこの中にあるそうだが、かれらも旧スギ科、セコイア属のセコイア・セムペルヴィレンスだ。

そして日本のスギたちは、旧スギ科スギ属のクリプトメリア・ジャポニカという。

日本古来の自生するスギが、ちいさなスギの子だったスギたちが、巨木たちの近い親戚であったということが（寄らば大樹の陰ということわざもあるように）私にはとてもうれしかった。だから、スギ科がヒノキ科に編入され、セコイアたちとスギが離ればなれになってしまった今は、とてもとても寂しくなった。

熊本から高千穂に行くには、南阿蘇の高森を横切って東に向かう。その高森にも、古いスギがある。高森殿の杉と呼ばれる木だ。四百年前の天正時代、地元の豪族の高森氏が戦いに敗れ、殿様が腹を切ったのがこの地である、と。切腹記念にスギを植えたのか、もうすでに生えていた木に寄りかかって切腹したのかわからないが、とにかく血みどろである。

ここに初めて行ったときには驚いた。なにしろ高森の道のほとりに、小さい看板が見過ごせと言わんばかりにひっそりと立っている。そこを見過ごさずに曲がってうねうねと細道を行く。すると行く手に小さな門があるが、門は無愛想に閉まっている。鎖が巻かれて開閉できないようになっているので、気の弱い人ならここまでだ。しかしよく見れば、門には注意書きがぶらさがっている。「この辺は最近テレビなどの影響で人が木を見に来るようになった。ハンターのみなさん、気をつけてください」と書いてある。向かいは牧草地で、牛が数頭、不審げにこっちをみつめている。門の中もまた牧草地なので、牛が徘徊し、その牛が逃げないようにするための鎖らしい。牛に不審がられながら、鎖をはずして中に入り、門を閉じて元どおりに鎖を巻きつける。中には道があるようなないような。急な上りである。息が切れる。ユリ科やキク科やセリ科の花が咲いている。牛糞があちこちにある。踏んづけそうになる。あるようなないような道は、前方のスギの木立の方へつづいていく。鬱蒼としている。小さな、蟻んこ用のような立て札が、木立の中を指しているから、しかたがない、腰を屈めて竪穴のような中に降りていく。

中に入り込んでみて圧倒されるのは、スギたち（二本生えている）の躍動感だ。この躍動感は、よそのどんな大スギにも感じられなかった。スギたちは枝をくねらせて、みるみるうちに二つに分かれ、一つは上へ、もう一つは左右へ、躍り上がっていくように見える。みるみるうちに天空に達し、また地上に降りてきて、この空間を包み込んで、丸天井の大きなドームを作りあげるように見える。枝葉が幹から繁り出る。先の先まで樹液が通う。

「大根大茎、大枝大葉」と法華経で知った言葉が口をついて出る。スギたちを取り囲むのは照葉樹の藪と木立だ。木洩れ日を受けて、一つ一つの葉が照り照りとかがやいている。「中根中茎、中枝中葉」と私は唱えたくなる。それから小さな蔓草や小さな苔や小さな羊歯がそこらのものをぜんぶ覆う、幹の木肌も覆う、土肌も覆う。「小根小茎、小枝小葉」と私はさらにつづけたくなる。

「帰すれば子たち、弱いも強い」と、これはある賛美歌の、明治初期の古い古い訳文であるけれども、それも唱えたくなる。「はい、エス我を愛す、はい、エス我を愛す、左様聖書申す」とそれはつづくのである。

大きくてつよいものを前にして、自分が小さくてよわいことを確認したときの思いが、しかし自分は小さいままでいいのだ、この大きいものを頼れば自分らしく生きてゆけると確信したときの思いが、それをあらわした文言のかずかずが、その空間にぎっしりつまって、私を温めたのである。

旅とセイタカアワダチソウ

　机の上に、すっかり乾いてほろほろ崩れてくるセイタカアワダチソウがある。折り取ったときは鮮やかだった黄色も色褪せている。ミシガン州から持って帰ってきたものだ。

　九月初旬にミシガン州のK市に行った。そこでセイタカアワダチソウを見た。カリフォルニアでは見られなかった自生地に自生するセイタカアワダチソウだ。

　飛行機はシカゴで乗り換えた。シカゴの空港に降りて、搭乗口につながる蛇腹のブリッジに足を踏み出したとたん、隙間から、熱くて湿った風が吹き込んできた。中西部の夏は湿って暑いと何人もの中西部出身者から聞いていたが、ほんとうだった。とんでもなく暑くて、予想してなかった湿気があった。天気予報では三十度前後、日本の夏に比べたら何でもない。でもこの暑さは、日本の三十五、六度なみ、内陸部は暑さ寒さも増幅されて厳しく酷くなる。空港の職員と目を合わせてにっこりしたついでに、暑いですね、と言うと、先週はもっとひどかった、まだましですよ、と言われた。それから、小さい飛行機に乗り換えてK空港について外に出た。そこもまた暑くて湿っていた。迎えにきてくれた友人は、カリフォルニアの人々のような軽装だった（カリフォルニアではT

シャツに短パンが標準服。Tシャツにジーンズなら正装です）。

空港からの道々、てんてんと黄色い花が咲いてるのを見た。路傍に並んでいた。空き地に群れていた。

いくつか群れを見過ごして、やっとセイタカアワダチソウだとわかった。背が低かったから確信できなかった。せいぜい一メートルくらいの背丈だった。私は、日本でああなのだから、自生地ではさらに自由で、もっと大きいと思っていたのだ。野原いちめんにごうごうと繁りわたり、風に吹かれて揺れが伝播し、野原全体が崩れんばかりに波打つだろうと思っていたのだ。

私は見つけた、ゴールデンロッド《セイタカアワダチソウ》を、かれらは咲いていた、道路沿いに、空き地に、と私は英語で友人に言った。私は見たかった、ずっと見たいと思っていた、それを見るのがこの国に来た目的の一つだった、と私はさらに言った。

セイタカアワダチソウ《ゴールデンロッド》はどこにでもあります、と友人が日本語で言った。友人と私の会話は、ふだんは日本語だ。たまたまそのときその場に日本語のわからない人もいたので、私が英語を使っただけだ。

友人の家の裏手は森だった。森に面した大きな窓があった。サファリパークの動物を見るガラス張りの車のように、森の木々が見られた。森を横切る動物たちが見られた。森を横切る動物たちが見られた。りすが木々をのぼったりおりたりしていた。しまりすが外に置かれてある餌を齧り食っていた。物音を聞きつけて、繁みの中に走り込んだ。しばらく見つめていると、野鹿が数頭あらわれた。首をのばしたりちぢめたりしながら音もなしに通り過ぎていった。それからまたしばらくすると、七面鳥があらわれた。最初は雌の群れが通り過ぎ、それから雄だけの群れが通り過ぎた。

森の木の名前を友人に聞くと、オークが何本もあります、と言う。オークなら、かしわもちの葉で、私にもわかる。日本語では、落葉するオークをナラの木、常緑のオークをカシの木と呼び分けているようだ。つまりその森に生えているのは、ナラの木とその他なのである。

今は見えないけど冬になって葉が落ちると向かいの家がはっきり見える、と友人が言った。

地面の上では、赤い実をつけた茎が立ち枯れていた。マムシグサだと私が言うと、英語ではJack in the pulpit、「説教壇に立つジャックさん」という意味だと友人が言った。家の周囲に丹念に植えられたギボウシは、野ジカの群れにさんざん食われていて、もう花を咲かすこともなさそうに思われた。

これは毒ヅタですよ、と友人が足元の蔓草を指さした。ウルシ科で、さわるとひどくかぶれる、引き抜いて焼いてしまおうと思っても、その煙を吸っただけで毒にやられる、ほんとに困った植物です、と。

まだ外が明るいうちに何人かで食事に行った。ここの地ビールの、オベロンというのが、さわやかで繊細で柑橘系の香りがして実にうまい。それを注文しようとしたら、季節が違う、とみんなに言われた。K市はビール醸造の盛んなところだ。当然ながら住人はビール好きで、私の友人もその友人もそのまた友人もみんなビールに詳しかった。かれらが言うには、それは小麦ビールで、小麦ビールは夏に作るものだ、今は秋だから小麦ビールはもう無い、と。これだけ暑くてまだ九月でどこが秋か。私にはまったく解せなかった。

次の日、気温は三十五度にあがった。この夏いちばんの暑さだと人々が言った。若い男たちが、上半身はだかで歩いていた。若い女たちは、上半身も下半身もむき出しで歩いていた。

三日目は三十三度で、蒸し暑くなった。そしたら夕方、雨が降った。南カリフォルニアではめったに降らない雨だ。新鮮だった。数時間降って止んだ。夜半、雨あがりの路上で、空を見あげてみた。群雲の流れていく間を上弦の月が出たりひっこんだりしていた。

四日目は数度ばかり気温が下がった。オークの木には緑の葉と同じ色のどんぐりがびっしりと生っていた。リンゴの木にも実が生っていた。実には色がつきはじめていた。高速の路肩には、ヌルデに近縁のスマックの繁みが目についた。赤い実がついていた。葉が赤くなりかけたのもあった。そしてやっぱり、セイタカアワダチソウは黄色かった。

セイタカアワダチソウのことを気にかけはじめたのはいつ頃か。中学生の頃、季節の変化が好きで、新聞に天気や植物の移り変わりについての記事が載ると切り抜いてスクラップ帳に貼りつけていた。そしたら父が歳時記を買ってくれた。山本健吉の『最新俳句歳時記』という春夏秋冬に新年の五巻本だ。なめるように読んだ。読んだのは例句じゃなくて、季語の説明だ。晩夏と秋が好きだった。セイタカアワダチソウが気にかかり出したのはその歳時記の記述だと思いこんでいたが、今、古びてよれよれになったやつをいくらめくり返しても、「せいたかあわだちそう」はおろか、「あわだちそう」すら見つからないのである。

そのかわり、野塘蒿《あれちのぎく》の項は、昔のまま、そこにあった。「名前は荒れ地の菊の意というが、荒地野菊と感じている」と書いてあるのを読んだときの感動を思い出した。「荒地野菊と感じている」ということばを抱えるようにして、あの頃の私は生きていた。

大学に入ってから『物類称呼』を読んだ。これだ、この世界が知りたかったのだと思った。季節によって変化することばの世界だ。風も星も植物も季節で変化し、場所によって名前が変化した。常なるものは何もなかった。みんな名づけられ、ことばの力を得て、いきいきと生き、変化した。

そのうち詩を書き出した。何かで（たぶん歳時記だが、誰の編集した歳時記だったかわからない）セイタカアワダチソウの別名はアキノキリンソウと書いてあるのを読んだ。心が揺さぶられて、こんな詩を書いた。

あきのきりんそうは群れていて
いまや
まっきっき
ほんとうにこれはせいたかあわだちそう

いや……若かった。書きうつすのも恥ずかしい。でもこの頃は、セイタカアワダチソウだオオアレチノギクだと連呼しておれば、心の中のもやもやしたものや焦りや自分の存在にどうしようもなく感じる不安を言い表せたような気がしていたのだ。

しばらくして誰かに、セイタカアワダチソウとアキノキリンソウは違う植物だと指摘された。調べてみて真相を知った。セイタカアワダチソウはキク科アキノキリンソウ属の植物である。アキノキリンソウ属のアキノキリンソウという植物も別にある。セイタカアワダチソウは帰化植物だが、アキノキリンソウは在来だ。ともに秋になると黄色い花が路傍に咲き群れる。

ろくに知らずに書いたことは恥じたが、詩はそのままほったらかした。今ほどマニアックな植物好きじゃなかったから、気にならなかった。今になって調べてみて、はっきり違いがわかったけれども、白あんも黒あんもずんだあんもみんなあんこという程度の違いのような気もする。数年前に買って以来、肌身離さず持ち歩いている『南九州里の植物』という図鑑にも、セイタカアワダチソウの項に「別名セイタカアキノキリンソウ」と書いてあるし、アキノキリンソウの項には「別名アワダチソウ」と書いてあるのだ。

そんなものなんだろう、しょせん名前だ。絶対的なものなどありはしない。

五日目、ミシガンから帰る日は、もうすっかり涼しかった。またあの暑い日々が戻ることなんてありえないと確信できる涼しさだった。何もかにもが一気に下り坂を駆け下りているようだった。空港へ行く道には、数日前よりずっと多くのセイタカアワダチソウが目についた。どれもどれも鮮やかな黄色だった。

私は車を停めてもらって、路傍に自生するセイタカアワダチソウを間近で見た。そして触ってみた。それから株のてっぺんの、黄色い小花の咲き群れる部分を折り取って、ジップロックつきのビニール袋（これをいつでも持っているというのが飛行機で移動する股旅者の証しなのだ）に入れてカバンの中に潜ませた。州を越えて植物を持ち込む、れっきとした違法行為である。こんなことをする人間がいるから、植物は移民するのをやめない。

K空港から飛行機に乗りこむとき、蛇腹のブリッジの隙間から、冷たい風が吹き込んできた。

飛行機から眼下にミシガン湖が見えた。茫漠と広がっているだけで、対岸は見えなかった。対岸があるとも思えなかった。数年前、ミシガン湖の岸辺に立ったことがある。そのときも、対岸は見えなかったし、対岸があるとも思えなかった。水は透明だった。波が寄せて返していた。砂浜には小さい貝殻がびっしりと打ち寄せられていた。まるで海のようだった。でもそこには、殺菌されたような、豊饒の真反対のような静けさがあった。

私が毎日向かい合っているのは、南カリフォルニアの太平洋である。長くつづく砂浜がある。寄せて返す波がある。日の沈む水平線がある。浜も海も波も、すべて大げさで、騒がしく、よく匂う。香りというべきか、臭みというべきか、何とも言い切れない匂いに満ちている。水は塩と海藻で重たく味つけされていて、触れるや巻き込まれて連れていかれそうになる。死んだり生きたりしている、有情とでも呼ぶものたちが騒々しく笑いながら、私たちを連れていこうとする。太平洋は、そんな海だ。

ミシガンの広くて大きい真水の海を渡りながら、私はまんまと持ち込んだセイタカアワダチソウを眺めていた。そして、このたび私はいったい何を見たんだろうと考えていた。何か大切なものを見たような気がしたのだ。すごく大切な何か。

しばらく考えて、そうか季節か、と。夏が終わって秋が始まったその瞬間に居合わせて、その瞬間をこの目で見て取ったのだと思った。

フローラ、フォーナ、あとがき

「図書」に連載していた二十一か月間、植物のことばかり考えていた。外を歩けば、植物ばかり目についた。植物を調べにネットの世界に分け入っていって、なかなか現実に戻れなかった。自分はほんとは草なんじゃないかという気がしきりにした。人間というよりは草だった。あるいは木だった。蔓だった。二十一か月間、そんなふうに生きていた。からみついていたといってもいい。

同時期に「文學界」で、犬について、犬の老いについての連載もやっていた。それは『犬心』という本になった。「心」と「霊」、けっきょくは同じことだ。

あっちは私の動物相《フォーナ》だった。こっちは植物相《フローラ》だった。フォーナもフローラも、生きざまを書きとめていたはずなのに、奥底から死が浮かび上がってきた。あるいは「死ぬ」をみつめていたら、「生きる」が引きずられて出てきた。

二十一か月、植物の生き死にを考えつめた。とりあえず身のまわりの植物の書きたいことは書き尽くしたと思って連載を終えた。九月の終わりだった。

そのすぐ後、石川県の白峰という山村に行った。

山路は、植物たちであふれかえっていた。その存在はとめどがなかった。何も終わってなかったし、書き尽くしてもいなかったのである。会いたかった植物に次々に出会った。図鑑や歳時記では見知っていたが、実物は初めてという植物たちで、ああ、お名前はかねがね……といちいちお辞儀して挨拶したかったくらいである。アキノキリンソウに出会った。アキノノゲシに出会った。カワラヨモギに出会った。ヌルデに出会った。みんな秋の顔をしていた。アケビにも出会った。ぱっくりと口を開けていた。蔓から実をもぎ取ったときは、うれしくてぞくぞくした。中身を指ですくって食べたら、とろりとして甘かった。

秋の山は、ざわざわとして騒々しかった。太平洋の浜辺を歩いてるみたいに、死んだり生まれたりをくり返す生命たちの気配で充ち満ちていた。

十一月の初めにはベルリンに行った。

クリスマス前の暗い時期であった。前年も同じ頃に行ったのだが、その年は雪が降って積もって何もかも白かったのに、このたびはいっこうに雪が降らなかった。毎日が、曇って暗くて寒かった。その中を歩きまわっていて目についたのは、家々の窓々にうかぶクリスマスの装飾だ。同じ電飾でも、アメリカのけばけばしいのとはずいぶん違った。ほとんどが「光」であり「星」であった。つまり、そこには意味が、そして希望があった。ただでさえ短い日照時間は、まだまだ短くなっていくのだった。空は曇って暗かった。そんな中で待ち望むのは、生誕のお祭りというより、光を手の中に取り戻すことなんだと、私は実感したのである。

裸の木々には、ヤドリギがたかっていた。木が潰れるんじゃないかと思うほど、枝のまん中で丸々と太って力強かった。クリスマスの飾りに使われるので、あちこちで売られていた。間近で見たそれは、葉は青く、透明の丸い実が、光をいっぱいにふくんでキラキラときらめいていた。

今、カリフォルニアは日照りの旱魃である。

毎年そうだが、今年はとくに酷い。二十年ぶりの酷さであると人々が言っている。私は二十年くらい前にここに来た。その頃も旱魃で、もう数年ごしに雨が降らないと人々が言っていた。エルニーニョだかラニーニャだかで百年ぶりの多雨の年だった一九九八年をのぞけば、後は毎年、日照りで渇水にあえぐ南カリフォルニアが、こんなに酷い年は初めてだ。

荒れ地のセージが、乾いて萎れて立ち枯れている。葉は前の年のまま、枝は乾いてぽきぽき折れる。どの枝にも、どの茎にも、花はひとつも咲かないままだ。きっと旱魃は年々酷くなる。このまま何年も何百年も、旱魃がつづいたら、ここの植物たちは枯れ果てる。そして生き残るために姿を変えていくだろう。シソ科もアカバナ科もリンドウ科も、葉を失い、トゲを生やす。サボテンやリュウゼツランの仲間みたいになって、地を這うようになる。そのようすがありありと想像できる。

植物は一つの相から別の相に移っていく。死ぬも滅ぶもない。

そうだ、植物は死なない。

ただ犬や人だけが一回きりの生を生きて死んでいくと思っていた。

でも、違う。私自身が人間で、犬とも人ともつきあい慣れており、個々の区別がつくから、そう思うだけで、私がもし一株の、たとえばキュウリグサか何かだったら、セージもゼラニウムもオオイヌノフグリもカラスノエンドウも、一株一株の見分けはつくはずだ。そのみくろな目で見れば、私、キュウリグサの一株も、生きて死ぬものにすぎない。あるいは死ぬも滅ぶもないものにすぎない。私、キュウリグサの一株は、そのまま宇宙の大きな力である。

私は、父の死や犬の死を、その過程を見つめていた。木や草が枯れていくように、ゆっくりと死んでいった父であり、犬であった。そして、父も犬も、苦しげなせわしない息をした。父の老いも犬の老いも、私は長い間見つめてきた。それなのに、いつか死ぬ、それまで生きると考えてはいても、まさか、今死ぬとは思わなかった。やがて、苦しげな息はおさまった。そして息はとても穏やかになった。父も犬も、何にも直面していないようだった。そこにある平坦な道をただ歩いていってるように、穏やかに息をした。息を一つ。息を二つ。三つめの息は来なかった。つまり息はそこで止まった。それが死だった。

線をひらりとまたぎ越えるように向こう側に移った。

それが人の死であり、犬の死であった。

こちら側にはもう戻らない。

犬も人も、まくろな目で見れば、この青い惑星の上で生きたり死んだりをくり返す、流れの中の点に過ぎない。点ですらない。もっと小さい。もっと留まらない。植物の死と再生と、あるいは再生しない死と、どれほどの違いがある。

たくさんの人がいろいろな場所で、植物と私に関わってくれた。最終的に、植物だけに集中しようと思って、関わってくれた人間の名をすべて「友人」と匿名化してしまった。ベルリンのイルメラ・日地谷・キルシュネライトさんと日地谷周二さん、オスロの安倍玲子さん、ミシガンのジェフリー・アングルスさん、東京の中沢けいさん、熊本の馬場純二さん、同じく熊本のスチュワート・ジョンソンさんである。

それから装幀の菊地信義さん。写真のベッキー・コーエンさん。そして岩波書店「図書」の富田武子さん。書籍編集部の樋口良澄さん。

一人一人の顔や声を思い浮かべながら、感謝をこめてここに名前を書きつける。その名前たち、その一つ一つに科名をつけて呼べないのが、心許なくてたまらないのである。

二〇一四年三月

伊藤比呂美

本書は二〇一二年四月から二〇一三年十一月まで、小社月刊誌
『図書』に連載されたものを加筆修正し、単行本化したものである。

伊藤比呂美

1955年生まれ．詩人．第16回現代詩手帖賞を受賞し，新しい詩の書き手として注目される．
第一詩集『草木の空』（アトリエ出版企画）以後，『青梅』，『テリトリー論』Ⅰ，Ⅱ，『伊藤比呂美詩集』など詩人として活躍，『河原荒草』（以上，思潮社）で2006年高見順賞，『とげ抜き新巣鴨地蔵縁起』（講談社）で2007年萩原朔太郎賞，2008年紫式部賞を受賞する．他に『良いおっぱい悪いおっぱい』（集英社），『読み解き「般若心経」』（朝日新聞出版），『犬心』（文芸春秋），『父の生きる』（光文社）など著書多数．1997年に渡米後，拠点はカリフォルニア州となる．

木霊草霊

2014年5月27日　第1刷発行
2014年8月4日　第2刷発行

著　者　伊藤比呂美《いとうひろみ》

発行者　岡本　厚

発行所　株式会社 岩波書店
〒101-8002 東京都千代田区一ツ橋2-5-5
電話案内 03-5210-4000
http://www.iwanami.co.jp/

印刷・三秀舎　カバー／口絵・半七印刷　製本・三水舎

ISBN 978-4-00-022933-3　Printed in Japan